한강에서 만나는 새와 물고기

새 / 유정칠 · 한국생태사진가협회
물고기 / 이완옥 · 전부순

지성사

한강에서 만나는 새와 물고기

사진
14–15쪽 팔당대교 아래쪽의 미사리.
28–29쪽 올림픽대교 부근에서 철새들이 휴식을 취하고 있는 모습. 올림픽대교 뒤쪽은 천호대교.
44–45쪽 잠실대교와 수중보.
56–57쪽 중랑천이 한강과 합류하는 모습. 멀리 보이는 다리는 동호대교.
68–69쪽 서강대교 위에서 바라본 밤섬.
86–87쪽 세계에서 가장 높이 물을 뿜는 월드컵 분수대. 뒤쪽은 난지도와 상암동 월드컵경기장.
100–101쪽 늦가을 숭어를 낚으려는 낚시꾼들로 붐비는 한강변. 멀리 보이는 다리는 김포대교.

한강따라 생태기행
한강에서 만나는 새와 물고기

새 글 · 유정칠
사진 · 한국생태사진가협회
김수만 김영호 김영환 김종길 김해웅 김현태 민병석 박경대 박진영
서정화 손영호 신혜일 심상국 염기원 오건영 유범주 이문표 장관효
정호 진익태 최종수(가나다 순)

물고기 글 · 이완옥
사진 · 전부순

초판 1쇄 발행일 2001년 11월 11일
개정판 5쇄 발행일 2014년 10월 30일

펴낸이 이원중 펴낸곳 지성사 출판등록일 1993년 12월 9일 등록번호 제10 – 916호
주소 (122 – 899) 서울시 은평구 진흥로1길 4, 2층 전화 (02) 335 – 5494 팩스 (02) 335 – 5496
홈페이지 www.jisungsa.co.kr | 지성사.한국 이메일 jisungsa@hanmail.net
편집주간 경현주 편집팀 안선영 디자인팀 이향란, 장현지

 행정간행물 등록번호 51-6110000-000301-14
ISBN 978-89-7889-117-2(03490)

· 이 책의 '차례'에 실린 지도는 삼성전자(주)에서 제작한 '우리의 한강' 지도를 보충해 사용했습니다.

머리말

천만 인구의 도심 한복판을 유유히 흐르는 한강. 우리의 역사는 이 한강과 더불어 흘러왔다고 해도 과언이 아닐 것입니다. 역사의 흥망성쇠를 전부 지켜보아 온 우리의 젖줄이었으니까요.

한강변을 유심히 들여다보세요. 강변에 나와 산책을 하거나 운동을 하고 있는 많은 시민들을 볼 수 있지요. 강이 선사하는 풍요로움과 여유는 분명 우리에게 정서적 안정을 가져다주고 삶의 질을 높이는 중요한 수단이 되고 있습니다.

하지만 문득문득 이런 의문을 떠올려 보곤 합니다. 어쩌면 우리는 한강을 그저 하나의 커다란 물줄기로만 여기고 있는 것은 아닐까, 그 속에도 무수한 생명들이 깃들어 살아가고 있음을 잊고 있는 것은 아닐까, 우리는 너무도 인간 본위로만 강을 바라보았던 것은 아닐까? 그렇기에 '개발' 이라는 미명 아래 한강변을 온통 콘크리트로 도배를 하고도 전혀 양심의 가책을 받지 못했던 것이겠지요.

이 책은 그러한 반성에서 시작되었습니다. 근대화 과정에서 망가지고 상처받은 한강, 그러나 인간이 오만과 탐욕의 눈길을 거둬들이자 다시 되살아나기 시작한 한강, 이제 그 한강을 삶터로 해서 살아가고 있는 많은 생명들에게 빼앗겼던 주인 자리를 되찾아 주고픈 마음에서 이 책을 쓰기 시작한 것입니다.

이 책이 나오기까지 정말 많은 사람들의 노력이 있었습니다.

처음 이 책을 기획한 것은 서울시였습니다. 서울 시민들에게 한강을 보다 가까이 느끼게 할 수 있는 방법이 없을까 고민하던 끝에 '한강의 새와 물고기'란 이름의 화보집을 구상했습니다. 여러 학자들과 언론인, 출판인들로 구성된 자문위원단이 꾸려지고, 이 자문위원단에서는 전문성을 갖춘 출판사를 선정해 책의 제작을 의뢰하기로 결정했습니다. 그래서 자연과학이나 환경 분야에 관한 책을 주로 발간하는 출판사들을 대상으로 사업 설명회를 개최하고 제안서를 공모했습니다. 예상 밖으로 많은 출판사들이 참여하여 다양한 의견들을 내놓았고 3차에 걸친 심사 끝에 결국 도서출판 지성사로 결정되었습니다.

이후로는 모든 작업이 바빠졌습니다. 서울시가 실시한 2000년 한강 생태계 조사에서 확인된 새 75종, 물고기 56종을 소개하는 글을 쓰고 그들을 생생하게 담아낸 사진들을 골라내는 작업에 몰두했습니다. 어린 학생들도 읽을 수 있도록 쉽고 재미있게, 그러면서도 내용이 너무 많아 부담스럽지 않도록 간결하게 글을 써야 했습니다. 또 간혹 사진이 마땅치 않아 다시 찍어야 할 필요도 있었고요. 이러한 일들을 진행하는 데는 출판사와 서울시 환경기획과 여러분의 도움이 컸습니다. 아무래도 딱딱한 설명이 되기 쉬운 것을 출판사에서 꼼꼼하게 교정 · 교열을 보아준 덕분에 책이 한결 부드러워졌고, 또 서울시에서는 한강 주변의 여러 문화 유적지나 생태 공원에 관한 자료 조사를 도맡아해 주었지요.

이렇듯 많은 손길들이 어우러져 이 책이 세상에 나오게 된 지금, 저희 바람은 그저 한 가지뿐입니다. 부디 많은 사람들이 이 책을 읽고 한강을 더욱 애정어린 눈길로 바라봐 주길 바랍니다. 특히 일선 교육 현장에서 이 책이 살아 있는 환경 교육의 지침서로 널리 쓰이길 바라며 그에 따라 한강의 앞날이 더욱 밝아지길 기대해 봅니다. 우리가 관심과 애정을 기울이는 만큼 자연은 우리에게 보답하기 마련이니까요.

겨울철에 이곳 한강에 날아드는 철새만 해도 1만여 마리가 넘습니다. 그중에는 천연기념물인 원앙이나 큰고니, 황조롱이 같은 희귀한 새들도 있습니다. 또 오래전에 모습을 감췄던 황복이나 웅어, 가숭어, 은어 같은 물고기도 최근 한강으로 돌아오고 있습니다. 앞으로 10년 후쯤이면 한강에서 더 많은 새와 물고기들을 볼 수 있겠지요? 하지만 그건 거저 되는 일은 분명 아닐 겁니다. 작지만 소중한 지금의 노력들이 쌓이고 쌓여 이루어지는 것이니까요.

2001년 11월
저자 일동

차례

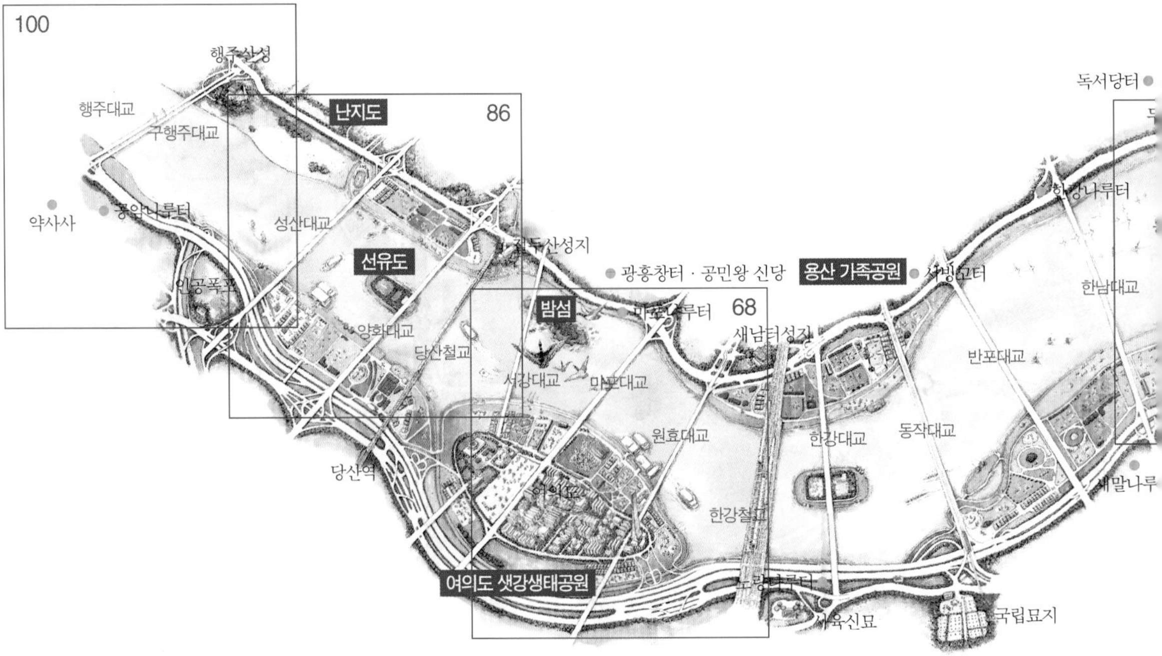
100
행주산성
행주대교
구행주대교
난지도
86
약사사
공암나루터
성산대교
선유도
인공폭포
양화대교
당산철교
절두산성지
광흥창터 · 공민왕 신당
용산 가족공원
서빙고터
밤섬
마포나루터
68
새남터성지
서강대교
마포대교
원효대교
한강대교
동작대교
반포대교
한남대교
한강나루터
독서당터
당산역
여의도
한강철교
여의도 샛강생태공원
사육신묘
국립묘지
새말나루

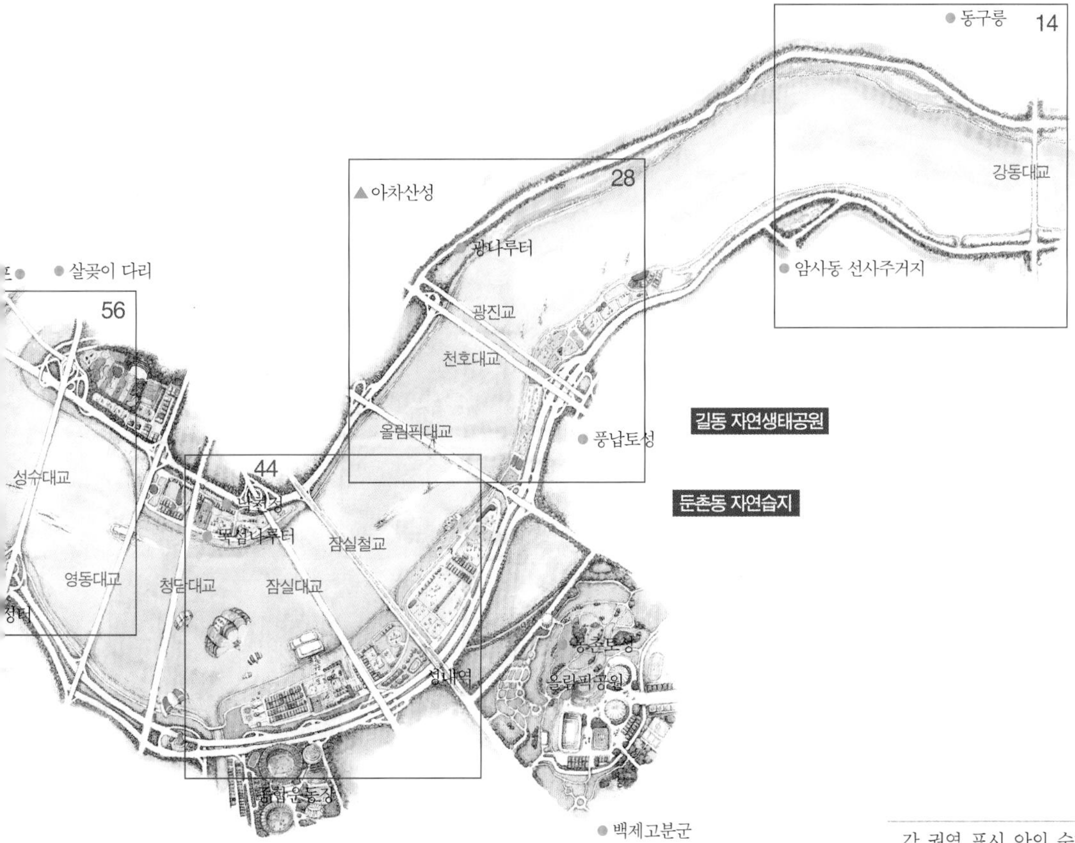

각 권역 표시 안의 숫자는
해당 본문의 쪽수입니다.

여러분은 '한강' 하면 뭐가 떠오르세요? 유람선? 수상스키? 모터보트? 수영장? 어쩌면 시커멓게 오염된 강물을 떠올리는 분들도 계시겠네요. 하지만 옛날 어른들은 아마도 한강에서 멱도 감고 고기도 잡고 했던 기억을 갖고 계실 거예요. 믿어지지 않는다고요? 그럼 여러분 할머니, 할아버지께 여쭤보세요.

사실 몇십 년 전만 해도 '환경 오염'에 대해 그리 심각하게 생각하지 않았던 게 사실입니다. 그래서 마구잡이로 한강 주변을 개발한 결과 한강의 자연은 엄청나게 파괴되고 말았지요. 자연스럽게 흘러야 할 물길이 인위적으로 바뀌고, 수초가 자라야 할 강변엔 콘크리트 제방으로 꽉꽉 싸맸지요. 그러니 그 많은 새와 물고기들이 어디다 보금자리를 꾸미고 알을 낳겠어요? 한강에선 점차 생명들이 사라져 갔습니다.

하지만 뒤늦게나마 사람들은 '이게 아니다'고 생각하게 되었습니다. 새와 물고기가 떠나 버린 곳에서는 인간도 살 수 없다는

당연한 사실을 이제야 깨닫게 된 거죠. 부랴부랴 사람들은 다시 예전의 한강을 되찾기 위해 노력을 기울이기 시작했습니다. 하지만 한번 망가진 자연을 다시 회복하는 데는 갑절이나 많은 노력과 시간이 필요했지요. 그런데 최근 들어 반가운 소식이 들리기 시작했습니다. 철새들이 하나둘 날아들더니 어느덧 도심 한복판에 커다란 철새 도래지가 만들어졌지요. 또 몇 년 동안 보이지 않던 물고기들도 다시 나타나기 시작했고요. 그들이 다시 되돌아온 것입니다. 정말 얼마나 다행스럽고 고마운 일인지…….

하지만 이렇게 우리 곁으로 되돌아온 새와 물고기에 대해 부끄럽게도 우리는 너무도 아는 게 없습니다. 그들은 우리를 잊지 않고 찾아와 주었는데도 말이죠. 그들을 우리와 더불어 살아가는 친구로 맞이하기 위해서라도 이제부터는 그들을 알려는 노력이 필요하겠죠. 그것이 바로 이 생태기행의 목적이랍니다. 자, 그럼 이제 '한강 따라 생태기행' 을 시작해 볼까요?

먼저, 위의 그림을 한번 보세요. 한강은 원래 커다란 두 개의 물줄기가 합쳐져 서울을 가로질러 흐르다가 서해로 빠져나가는 강입니다. 강원도 태백에서 시작해 충청북도를 거쳐 경기도 양평 쪽으로 흘러 들어오는 남한강과, 금강산에서 시작해 강원도 춘천을 거쳐 경기도 가평 쪽으로 흘러 들어오는 북한강이 합쳐진 거죠. 이렇게 남한강과 북한강이 만나는 곳을 '두 개의 물이 머리를 맞댄다' 해서 '두물머리'라고 하는데 이것을 한자로 옮겨 '양수리(兩水里)'라는 지명이 된 것입니다.

그럼 한강의 주된 물줄기는 어느 쪽일까요? 지도를 봐도 알기가 쉽지는 않은데, 남한강이 줄기에 해당하는 본류(本流)이고 북한강이 가지에 해당하는 지류(支流)입니다. 얼핏 보면 남한강은 서울 쪽에서 충청도 쪽으로, 다시 말해 북쪽에서 남쪽으로 흐를 것 같지만, 사실 우리나라 지형을 보면 동쪽이 높고 서쪽이 낮으니 물줄기가 동에서 서로 흐르는 건 당연하겠죠.

이제부터 우리는 전체 한강의 중 · 하류에 해당하는, 서울 한복판을 흐르는 한강을 따라가면서 그곳에 살고 있는 새와 물고기들을 만나보려고 합니다. 그럼 먼저 서울의 맨 동쪽 끝인 강동구 지역부터 가볼까요?

'하천, 강, 천' 은 어떻게 다를까?

'하천(河川)' 은 일정한 물이 흐르는 길을 통틀어 일컫는 말입니다. 그중 물의 양이 많으면 '강(江)' 이라 하고 적으면 '천(川)' 이라고 하는데 이 둘을 가르는 일정한 기준은 없습니다. 주변보다 상대적으로 많거나 적은 게 기준이 되겠지요. 예를 들어 전라북도의 동진강은 충청남도의 삽교천보다 물의 양이 적답니다.

굽이굽이 돌아 서울로 들다

큰고니

서울의 동쪽 끝, 서울시와 하남시의 경계에 '가래여울'이라는 곳이 있습니다. 물의 흐름이 빠르고 세찬 여울이 발달한 곳인데 예부터 가래나무가 많다고 해서 이런 이름이 붙은 것이죠. 백제시대 때부터 유명한 요새지였다고 합니다.

그런데 이곳에는 다른 한강변에서는 찾을 수 없는 특징이 있습니다. 여러분도 잘 아시겠지만 대부분의 한강변은 콘크리트로 제방을 쌓아놓았지요? 물살에 강둑이 쓸려 내려가지 않도록 하기 위해서죠. 하지만 강바닥에서 흙을 퍼내 강변에 쌓고 콘크리트를 바르는 개발 방식은 심각한 생태계 파괴 현상을 가져왔습니다. 물고기들은 알을 낳을 곳이 없어지고 새들도 둥지를 틀 곳이 없어진 거죠. 수질도 점점 나빠지고……. 그래서 최근에는 한강변을 자연 그대로 되살리자는 움직임이 벌어지고 있습니다. 그리고 그것을 시범적으로 실시하는 곳이 바로 여기죠. 주변을 보시면 여기저기 풀이 무성한 게 마치 시골의 자연스러운 하천 모습을 보는 것 같지 않으세요?

이곳은 팔당호에서 흘러 들어오는 물살의 영향으로 모래가 계속 쌓여 당정섬을 비롯한 여러 개의 모래섬이 만들어져 있습니다. 이 모래섬들 주변에는 갈대와 버드나무 같은 수생식물들이 많이 자라고 있어 새들의 좋은 산란장소이자 은신처가 되지요. 여름이면 개개비, 해오라기, 백로 등의 여름철새가 번식을 위해 이곳을 찾고, 겨울에는 주로 오리류들이 여기서 겨울을 납니다. 또 물의 깊이가 그리 깊지 않기 때문에 해마다 고니를 비롯한 많은 겨울철새들이 이곳을 찾습니다. 특히 천연기념물 제201호인 큰고니를 볼 수 있는 유일한 곳이죠.

또한 이곳은 상수원 보호 구역으로 지정되어 있어 서울시의 한강 지역 가운데 가장 물이 맑습니다. 바닥은 주로 모래와 작은 자갈로 이루어져 있는데, 모래섬 주변의 물 흐름이 느린 곳은 진흙으로 이뤄져 있습니다. 물속에 수초들이 많이 자라고 있어 물고기들의 좋은 안식처가 되지요. 봄철에는 이곳에서 많은 잉어가 산란을 합니다. 만약 여러분이 모래섬 주변을 관찰할 수만 있다면 수초에 붙어 있는 수많은 잉어 알을 쉽게 발견할 수 있을 겁니다. 현재 이곳에 사는 물고기는 누치, 납지리, 몰개, 끄리, 강준치, 붕어, 잉어 등을 비롯하여 30여 종이나 됩니다. 예전에 비해 종류가 많이 늘어났죠. 또 천연기념물 제190호인 황쏘가리 한 마리가 최근 이곳에서 발견되어 우리를 즐겁게 합니다.

누치

이 친구 이름은 '누치' 입니다. 여러분이 한강에서 가장 흔하게 발견할 수 있는 친구죠. 몸길이는 보통 20~30센티미터인데 60센티미터 이상 큰 놈도 있습니다. 사진을 한번 보세요. 다른 물고기와 뭐가 다를까요? 그래요, 주둥이가 마치 돌고래처럼 튀어나와 있지요? 그래서 먹이를 먹을 때는 입술이 앞으로 쑥 나온답니다. 주로 물속 깊은 곳에서 사는데 실지렁이, 새우, 수서곤충뿐만 아니라 수초나 다른 생물의 배설물 등 아무거나 다 잘 먹습니다. 4~6월에 강 속 모래나 자갈 바닥에 포도송이 모양의 알을 낳습니다. 한강 외에도 서해와 남해로 흘러드는 여러 강에 널리 살고 있지요.

몰개

고유종

이 친구는 '몰개'라고 합니다. 물 흐름이 완만한 곳에서 수면 가까이 떼를 지어 빠르게 몰려다니는 것을 볼 수 있지요. 오염에도 잘 견뎌 한강 어디서나 쉽게 볼 수 있습니다. 몸길이는 최대 약 14센티미터로 앞의 누치보다는 덩치가 작은 놈이죠. 몰개는 다른 나라에는 없고 오직 우리나라에만 있는 물고기입니다. 이런 종류를 '한국 고유종'이라고 하지요. 그런데 이런 귀한 친구를 1980년대에는 마구 잡아 일본에 수출하기도 했습니다. 그래서일까요? 지금은 모든 강에서 예전보다 많이 줄어들었답니다. 그래도 이곳 한강에서 우리가 몰개 친구를 만날 수 있다는 것이 고마울 따름입니다. 아무거나 잘 먹는 잡식성이고, 6~8월에 수초 주위에 알을 낳습니다. 한강, 금강, 동진강에 비교적 많이 살고 있으며 북한의 대동강에도 산다고 합니다.

강준치

바다 물고기인 준치를 닮아서 '강에 사는 준치'라는 뜻으로 '강준치'라는 이름이 붙었답니다. 모습이 참 특이하죠? 마치 화가 나서 입을 삐죽거리는 것 같네요. 몸길이는 보통 40~50센티미터인데 누치처럼 60센티미터 이상 자라는 놈은 없습니다

다. 주로 물 흐름이 완만한 곳에서 수서곤충이나 다른 물고기의 새끼 등을 잡아먹으며, 5~7월에 알을 낳아 수초에 붙여둡니다. 우리나라에서는 한강과 임진강, 금강에 사는 것으로 알려져 있는데 북한의 대동강과 압록강에도 살고 있다고 합니다.

쏘가리 · 황쏘가리

천연기념물 제190호

쏘가리

'쏘가리 매운탕'으로 유명한 '쏘가리.' 하지만 물속 세계에서 쏘가리는 무시무시한 무법자랍니다. 청평내수면연구소에는 쏘가리를 키우는 수조 안에 금붕어 몇 마리가 함께 있는데, 사람들이 쏘가리 수조를 보면서 "금붕어랑 같이 있네요?" 하면 "먹이 준 겁니다" 하고 대답한답니다. 몸길이는 보통 20~40센티미터지만 60센티미터 이상 크는 것도 있습니다. 그런데 이 쏘가리의 쌍둥이 동생이 있다면 여러분 믿으시겠어요? 바로 '황쏘가리'라는 놈으로 생김새나 습성이 아주 닮았답니다. 사진에서 보는 것처럼 흑갈색 표범무늬가 있는 친구가 쏘가리이고 표범무늬 없이 황금색으로 빛나는 것이 황쏘가리입니다. 이름은 다르지만 사실 둘은 완전히 똑같은 종으로, 황쏘가리는 쏘가리가

황쏘가리

돌연변이를 일으킨 것이죠. 색소 결핍증(알비노 현상) 때문이랍니다. 어쨌거나 이 황쏘가리는 그 고운 색과 희귀성 때문에 천연기념물 제190호로 지정하여 보호하고 있습니다.

쏘가리는 예부터 그림과 도자기 등의 문양으로 자주 등장할 정도로 귀한 대접을 받아왔으나, 최근 서식지가 점점 파괴되고 사람들이 마구 잡으면서 그 수가 급격히 줄고 있습니다. 그래서 산란기(5월 20일~7월 20일)에는 쏘가리 잡는 것을 법으로 금지하고 있지요. 그런데 최근 청평내수면연구소에서 황쏘가리를 인공 양식하는 데 성공했다는 소식이 있어 우리를 기쁘게 합니다. 2000년부터 한강에 황쏘가리를 방류하기 시작했다고 하니 앞으로는 한강에서 황쏘가리를 더 자주 볼 수 있을 것이라 기대합니다.

잉어 · 붕어 · 떡붕어

잉어

여러분은 '잉어'와 '붕어'를 구별할 줄 아세요? 만약 둘을 나란히 놓고 본다면 몸집이 큰 쪽이 잉어라고 하면 대체로 맞습니다. 잉어는 몸길이가 보통 50센티미터 안팎이고 100센티미터가 넘는 친구들도 있지만, 붕어는 보통 5~20센티미터로 40센티미터가 넘는 것은 드물죠. 하지만 그것보다 더 확실한 구별 방법이 있답니다. 사진을 자세히 보세요. 자, 이제 아셨나요? 그래요, 입수염이 있는 것이 잉어고, 입수염이 없는 것이 붕어랍니다.

잉어는 큰 강이나 호수, 저수지처럼 물이 많은 곳에 주로 살며 한강에서도 아주 흔하게 발견됩니다. 특히 산란기인 봄철에는 아

붕어

주 많은 잉어들이 떼지어 돌아다니는 것을 볼 수 있지요. 그러다가 겨울이 되면 물속 깊은 곳에서 지내는 특징이 있답니다. 반면에 붕어는 호수나 늪, 저수지, 농수로 등 주로 고여 있는 물에 많습니다. 우리나라 하천 어디서나 쉽게 볼 수 있는데, 환경 변화에 견디는 힘이 아주 강해 수질이 그리 좋지 않은 3급수의 물에서도 잘 살죠.

떡붕어

그런데 이 붕어와 아주 비슷한 친구가 있어 우리를 좀 헷갈리게 하네요. 바로 '떡붕어' 라는 녀석이죠. 떡붕어는 1972년 일본에서 들어온 외래종으로, 생김새는 붕어와 비슷하나 몸색깔이 은백색이고 몸높이가 더 높습니다. 몸이 붕어보다 좀 납작하다 해서 이름에 '떡' 자가 붙었지요. 물이 흐르지 않는 호수나 댐에선 붕어보다 더 많이 살기도 한답니다. 성장은 붕어보다 빨라 몸길이 50센티미터 안팎까지 자라지만 맛이 떨어져 얼마 전까지만 해도 낚시꾼들에게 별 환영을 받지 못했는데, 토종 붕어 감소에 따른 위기 의식이 높아져 최근에는 점차 인기가 높아지고 있습니다. 한강에서는 붕어보다 그 수가 적습니다.

고유종

각시붕어 · 참붕어

이 친구들도 이름이 붕어네요. 그런데 생김새가 어딘지 다른 것 같죠? 사실 이 친구들은 우리가 알고 있는 붕어랑은 전혀 관계가 없답니다. 그저 이름에 '붕어' 란 말만 붙었을 뿐이죠.

우리나라 고유종인 '각시붕어'는 납자루 종류에 속하는 물고기랍니다. 몸길이는 보통 3~4센티미터, 몸통은 타원형이며 몸높이가 높습니다. 수컷은 옆구리 부분에 흑청색의 아름다운 띠가 있으며 뒷지느러미 가장자리가 검은빛을 띠지요. 그러나 암컷은 검은빛 언저리도 없고 다른 무늬도 없습니다. 한강, 낙동강을 비롯해 전국에 널리 퍼져 살고 있는데 다른 납자루들처럼 조개에 알을 낳는 습성이 있지요. 관상어로 인기가 높습니다.

'참붕어'는 모래무지 종류에 속하는 친구입니다. 몸길이는 보통 6~8센티미터, 몸통은 가늘고 긴 방추형이며 머리가 작습니다. 몸통을 덮

사진 왼쪽부터 각시붕어, 참붕어.

는 각 비늘의 뒷가장자리가 흑갈색을 띠는 게 특징이죠. 최근 떡붕어와 중국산 붕어가 많이 도입되면서 토종 붕어에 대한 관심이 높아졌는데 엉뚱하게도 이 친구에게 '진짜 붕어'라는 뜻의 '참붕어'란 이름이 붙었습니다. 붕어가 알면 통탄할 일이죠. 하지만 이 친구 역시 자기에게 어울리지 않는 이름을 갖게 되었으니 억울한 건 마찬가지일 것 같습니다. 우리나라의 모든 민물 지역에 살고 중국과 일본에도 흔합니다. 간디스토마의 중간숙주로 유명하므로(민물고기 중 간디스토마 유충이 가장 많습니다) 절대 날것으로 먹으면 안 됩니다.

여름철새

개개비

사진이 신기하죠? 어미가 서커스를 하듯 힘들게 매달려서 새끼에게 먹이를 먹이는 이 새 이름은 '개개비' 라고 합니다. '개객- 개객-' 하고 울어서 이런 이름이 붙었다고 하는데 강가나 저수지의 갈대밭에서 주로 살기 때문에 북한에서는 '갈새' 라고 부른답니다. 몸길이는 암수 모두 19센티미터 정도이고, 먹이로는 곤충이나 개구리 등을 좋아한답니다. 여름에 우리나라에서 번식을 하는 흔한 여름철새로, 여러 갈대줄기를 기둥으로 삼고 마른 풀줄기 등을 엮어서 집을 짓고는 4~6개의 알록달록한 알을 낳지요.

겨울철새

큰고니 · 고니

천연기념물 제201호, 환경부 지정 보호종

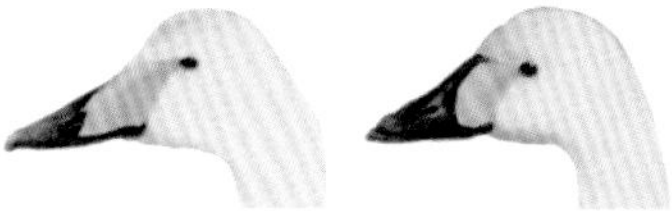

큰고니(왼쪽)와 고니의 부리

새가 보여주는 아름다운 날갯짓은 우리 눈이 도망갈 틈을 주지 않네요. 위 사진의 주인공은 천연기념물 제201호인 '큰고니' 입니다. 어릴 때는 몸색깔이 갈색을 띠지만 어른이 되면 온몸이 하얗게 되죠. 몸길이 140센티미터가 넘는 큰 덩치임에도 자태가 아주 빼어나답니다. 하지만 보기와는 달리 성격이 공격적이어서 번식기 때면 수컷들끼리 큰 전투를 벌이곤 해요. 또 동물성 먹이를 즐겨 먹지요. 주로 물가에 사는데 겨울이면 얼지 않는 강을 찾아 우리나라로 온답니다. 그런데 큰고니가 있다면 분명 '고니' 도 있겠죠? 그래요, 우리가 흔히 '백조' 라고 하는 새가 바로 고니입니다. 생김새는 큰고니와 비슷하지만 덩치가 약간 작고, 또 부리의 노란색 부분이 큰고니보다 더 작습니다. 고니 역시 천연기념물 제201호로 지정되어 있지요.

고니

겨울철새

흰꼬리수리

천연기념물 제243호, 환경부 지정 멸종위기종

자, 이번에 만날 친구는 이름만 들어도 그 생김새를 짐작할 수 있는 새입니다. 독수리와 비슷하게 생겼는데 꽁지가 희다는 특징이 있지요. 그래서 '흰꼬리수리'랍니다. 몸길이는 80~95센티미터 정도이며 암컷이 수컷보다 10센티미터 가량 더 큽니다. 주로 해안이나 하천 지역에서 작은 동물과 새, 물고기를 잡아먹고 살지요. 나뭇가지를 두껍게 쌓아올려 접시 모양의 둥지를 만들고 마른 풀이나 짐승의 털로 내부 장식을 한 다음 2~3개의 알을 낳습니다. 우리나라에서 겨울을 나는 희귀한 새로 천연기념물 제243호로 지정되어 있습니다.

암사동 선사주거지

서울시 강동구 암사동에 있는 선사주거지는 지금으로부터 약 6000년 전 신석기 시대의 사람들이 살았던 집단 취락 유적이다. 1925년 대홍수 때 그 모습이 드러나면서 세상에 알려지게 되었는데, 신석기 시대의 대표적 유물인 빗살무늬토기를 비롯하여 청동기 시대의 민무늬토기도 함께 발견됨으로써 우리나라 선사 시대의 생활상을 보여주는 귀한 사료가 되었다. 현재 움집 등 선사 시대의 주거 형태를 복원하고 당시 사람들의 생활 모습을 한눈에 볼 수 있는 전시관을 갖추어 놓고 있어 많은 사람들이 즐겨 찾는 교육의 장이 되고 있다.

길동 자연생태공원

강동구 길동에 있는 자연생태공원은 '생물의 다양성을 증진시키고 건강한 녹지 공간을 제공함으로써 도시 환경의 질을 향상시키기 위한' 목적으로 조성되었다. 아울러 서울 시민과 학생들에게 야외 현장 학습의 공간으로 활용되는 곳이기도 하다. 이곳은 크게 습지 지구, 저수지 지구, 산림 지구, 초지 지구, 광장 지구로 나뉘는데 이러한 다양한 생태 환경은 그만큼 다양한 생물이 서식하기에 좋은 조건을 제공해 준다. 입구 쪽으로 새를 관찰할 수 있는 데크(deck)가 있으며, 인공적으로 만든 저수지와 수로에는 약 20여 종의 물고기가 살고 있다. 광장 지구에는 탐방객 안내소와 야외 전시대, 야외 강의장을 비롯하여 공원 내 생물 서식 지역을 한눈에 볼 수 있는 야외 관찰대도 있다. 큰 공원이라고 할 수는 없지만 자원봉사자를 위주로 한 생태 학습과 모니터링, 관리가 모범적으로 이루어지고 있는 곳이다.

겨울새들과의 한 철

깝작도요

이곳은 한강 생태계에 관해 이야기할 때 빠지지 않고 등장하는 곳입니다. 사람들이 여기에다가 인공적인 구조물을 설치했기 때문이죠.

잠실대교 바로 아래쪽에 '잠실 수중보'라는 것이 있습니다. '수중보(水中堡)'라는 것은 말 그대로 일정하게 물을 가둬두기 위해 물속에 만든 뚝입니다. 그래야 필요할 때 제대로 수돗물을 공급할 수 있으니까요. 또 바닷물이 역류하는 것을 막는 역할도 하고요.

이 잠실 수중보에는 수문이 있어서 필요에 따라 열었다 닫았다 할 수 있도록 되어 있습니다. 또 물고기들이 다닐 수 있도록 길(어도魚道)도 만들어두었지요. 그러나 이 거대한 수중보가 한강을 가로질러 막고 있으니 수중보의 위쪽과 아래쪽에 사는 물고기들의 종류가 다를 수밖에 없겠죠. 여기서는 먼저 수중보 위쪽 동네부터 가볼까요?

광진구에 사는 분이 계시다면 아마 '광나루'란 말을 아실 겁니다. 여러분이 사는 동네의 광진교가 있는 곳이 바로 조선시대 때 번성했던 나루터인 광나루입니다. 역사적으로 중요한 나루터였을 뿐만 아니라 심하게 굽이치는 여울이 발달하여 많은 물고기가 살았던 지역인데, 지금은 수중보로 인해 물의 흐름이 거의 없는 저수지로 변해 버렸습니다. 상수원 보호 구역이라 비교적 물은 맑은 편이지만, 그래도 예전에 비해 물고기의 수는 많이 줄어들었지요.

물의 흐름이 거의 없으니 물속에 검정말이나 붕어마름 같은 수초가 많습니다. 특히 북쪽의 강변은 바닥이 모래와 뻘 등으로만 되어 있어 물속에 수생식물이 무성할 뿐 아니라, 물가에는 여뀌

나 소리쟁이, 버드나무 같은 식물들도 많이 자라고 있습니다. 이에 비해 남쪽 강변은 대부분 콘크리트 제방으로 되어 있어 식물이 자라는 데 방해를 받고 있지요. 그러나 이곳도 물속에는 상류에서 흘러오는 모래와 뻘이 많이 퇴적되어 검정말이나 나사말 같은 수생식물이 자라고 있으며, 이 수생식물들을 중심으로 몰개나 납지리 같은 작은 물고기들이 많이 살고 있습니다.

이곳에서 강변을 따라 조금 올라가면 남쪽 강변에서도 콘크리트 제방이 쌓여 있지 않은 곳을 볼 수 있습니다. 여기에는 갈대나 부들 같은 풀들이 많이 자라고 있지요. 또 얕은 웅덩이가 여기저기 있어 물고기 새끼들이 살기에 아주 좋은 조건이 됩니다. 상류에서 내려오는 모래와 뻘이 쌓여 이곳 강의 수심은 비교적 얕은 편입니다.

어쨌거나 이곳이 물살이 빠른 여울에서 저수지 모양으로 바뀜에 따라 여울을 좋아하던 많은 물고기가 다른 곳으로 이동하였고, 대농갱이처럼 물이 고여 있는 곳을 좋아하는 새로운 물고기들이 많이 나타났습니다. 현재 이곳에 사는 물고기는 납지리, 누치, 모래무지, 대농갱이 등 20여 종이 됩니다. 특히 이곳에는 외래종인 베스가 한강의 다른 곳보다 많이 살고 있어 주목됩니다. 베스가 많은 것은 팔당호와 가깝고 베스의 먹이가 되는 납지리, 누치 등이 많기 때문인데 앞으로 베스의 서식에 따른 피해 등도 우리가 관심 있게 볼 필요가 있겠습니다.

대농갱이

지금 보시는 친구가 이 부근에서 흔하게 볼 수 있는 '대농갱이' 입니다. 우선 눈에 띄는 게 수염이 많다는 점이네요. 4쌍씩이나 있으니까요. 그리고 직접 만져 보면 아시겠지만 비늘이 없답니다. 주로 물이 고여 있는 곳의 모래와 진흙이 있는 곳에 살면서 새우나 작은 물고기, 수서곤충을 잡아먹습니다. 몸길이는 보통 15~20센티미터 정도인데 40센티미터까지 자라는 특별히 큰 친구들도 있다고 해요.

베스

이번에는 한강의 문제아를 만나볼까요? '베스' 라는 이 친구는 1973년 미국에서 이사 온 친구랍니다. 물이 고여 있는 호수나 물 흐름이 거의 없는 곳을 좋아하지요. 잠실 수중보 아래쪽에도 있기는 하지만 그리 많지는 않습니다. 이 친구의 특징은 입이 무척 크다는 겁니다. 그래서 미국에서는 이 친구를 '큰 입을 가진 농어' 라는 뜻의 '라지 마우스 베스(large mouth bass)' 라고 부릅니다. 몸길이는 보통 30~60센티미터이고 등지느러미 앞부분에는 날카로운 가시가 있습니다. 생김새처럼 성질도 매우 거칠어서 물속에 사는 모든 생물들에게 공격적입니다. 그런데 여러분, 이 포악한 친구와 우리나라의 토종 물고기인 메기를 함께 키우면 어떻게 될까요? 그 재미있는 결과를 청평내수면연구소에서 볼 수 있습니다. 먹이를 주면 베스는 슬슬 메기의 눈치를 봅니다. 베스가 먼저 먹이를 먹으려 하다가는 메기한테 혼나지요. 메기가 다 먹고 배불러서 먹이에 관심을 두지 않을 때에야 비로소 베스가 먹이를 차지할 수 있답니다. 정말 신기하지 않아요?

모래무지 · 버들매치

이곳에서 대농갱이와 납지리 다음으로 많이 사는 물고기가 바로 '모래무지' 입니다. 이름만 들어도 아시겠죠? 모래무지가 모래 속에 숨는 습성이 있다는 것을. 모래무지는 강바닥에 모래나 자갈이 깔린 곳을 좋아합니다. 특히 모래를 좋아해서 모래 속에 자기 몸을 곧잘 숨기곤 하지

요. 바닥에서 헤엄을 치며 먹이를 찾는데 물속에 사는 곤충의 유충이나 작은 동물을 모래와 함께 먹고는 아가미 밖으로 모래만 내보낸답니다. 그 덕분에 모래가 깨끗하게 청소가 되지요.

그런데 이 모래무지는 '버들매치' 와 생김새가 아주 비슷하답니다. 그래서 자칫하면 혼동할 수가 있어요. 이 두 친구를 나란히 놓고 보면, 버들매치가 모래무지보다 좀 더 작고 몸이 뭉툭합니다. 모래무지는 몸길이가 보통 10~20센티미터이고 25센티미터가 넘는 것도 있는데, 버들매치는 보통 8~12센티미터거든요. 또 버들매치가 모래무지보다 주둥이가 짧고 입술이 매끄럽다는 점도 다르죠. 그리고 사는 곳도 조금 다르답니다. 한강에서 모래무지는 모래와 자갈이 많은 이곳 잠실 수중보 위쪽에 많이 살지만 버들매치는 더 하류 쪽인 밤섬이나 행주대교 부근에서 많이 보입니다. 이 밖에도 모래무지와 아주 닮은 물고기로 '두우쟁이' 가 있는데 그 친구는 뒤에서 다시 만나게 될 거예요.

모래무지는 수질의 변화에 매우 민감하다고 합니다. 그런 친구가 이곳에 많이 살고 있다는 것은 무엇을 말하는 걸까요? 그래요, 한강이 점차 깨끗해지고 있다는 얘기죠. 은어가 뛰노는 맑은 한강이 결코 헛된 꿈이 아님을 우리에게 얘기하고 있는 것입니다.

모래 속에 숨어서 눈만 내놓고 있는 모래무지.

사진 왼쪽부터 모래무지, 버들매치.

엄마 비오리 뒤를 따라 새끼들이 졸졸졸… 어디 소풍이라도 가는 걸까요? 어미 등에도 새끼 한 마리가 업혀 있네요.

비오리

비오리 · 흰비오리

겨울철새

'비오리'는 부리가 붉고 부리 끝이 갈퀴처럼 구부러져 있는 게 특징이에요. 생김새는 암수가 서로 달라서, 수컷은 머리가 녹색 광택을 띤 검은색이고 가슴과 배는 흰색, 등은 검은색이지만, 암컷은 머리는 갈색이고 등은 회색이랍니다. 또 암컷의 머리 뒷부분에는 마치 햇살처럼 멋지게 뻗친 '댕기'가 있지요. 몸길이는 65센티미터 정도이며, 대개 얕은 물에서 먹이를 구하지만 9미터까지 잠수하기도 하는 '잠수성 오리'랍니다. 주로 물고기를 즐겨 먹지요. 겨울에 흔히 볼 수 있는 겨울철새지만 일부 지역에서는 텃새로 남아 있기도 합니다. 새끼를 등 위에 올려놓고 헤엄쳐 다니는 모습을 종종 볼 수 있답니다.

그런데 이 비오리의 친척 중에 '흰비오리'라는 새가 있습니다. 이름에서도 알 수 있듯이 온몸이 새하얀 게 특징이에요. 하지만 그건 사실 수컷일 경우에만 그렇답니다. 암컷은 비오리와 마찬가지로 머리가 갈

흰비오리

색이고 등은 회색, 배는 흰색이죠. 하지만 비오리보다 부리가 짧고 끝이 구부러지지 않았기 때문에 쉽게 구별할 수 있습니다. 덩치도 비오리보다 작아서 몸길이가 보통 40센티미터 정도입니다.

수면성 오리와 잠수성 오리

겨울에 꽁꽁 언 얼음 사이에서 떼지어 있는 새들은 대부분 오리들입니다. 우리나라를 찾는 대표적인 겨울철새이기도 하지요. 그런데 생김새를 보면 이들이 주로 어떤 것을 먹고 사는지 알 수 있어요. 쇠오리나 알락오리, 넓적부리는 물속에 머리를 박고 꽁지는 내놓은 채 수초나 물에 떠 있는 플랑크톤을 먹습니다. 이들은 다리가 몸통의 중간에 있어서 물 위에서 금방 날아오를 수가 있지요. 이런 오리를 '수면성 오리'라고 합니다. 반면에 비오리나 흰죽지류는 먹이를 찾아 물에 잠수하기 쉽도록 몸이 유선형으로 생겼고, 다리도 몸통 뒷부분에 붙어 있습니다. 잠수하기에는 좋지만 날아오를 때는 오래 도움닫기를 해야 날 수가 있죠. 이들을 '잠수성 오리'라고 하는데 어느 정도 물 깊이가 있는 곳을 좋아한답니다.

사진 왼쪽부터 박새, 쇠박새.

박새 · 쇠박새

텃새

이번에는 우리 주변에서 쉽게 만날 수 있는 두 친구를 소개할게요. 바로 '박새' 와 '쇠박새' 가 그 주인공이랍니다. 사진을 보니 박새는 지금 막 곤충으로 보이는 먹이를 구했군요. 짝짓기 철인가 봐요. 박새는 번식기에는 주로 곤충을 잡아먹거든요. 하지만 다른 때는 식물의 열매도 먹습니다. 그런데 표정이 "넌 안 줄 거야!" 하는 표정이죠? 그럼 쇠박새는 어떤가요? "뭘 쳐다보니?" 하지요. 만약 이 두 친구를 공원에서 만난다면 제대로 이름을 불러줘야 할 텐데 어떻게 기억해 두면 좋을까요? 그래요. 이 두 친구의 공통점은 머리 부분이 검은색이라 눈이 어디에 붙어 있는지 안 보일 정도라는 거지요. 그런데도 차이가 보이네요. 박새는 목덜미가 까맣고 배에도 검은 줄이 나 있지만, 쇠박새는 부리 밑에만 수염처럼 검은 털이 나 있군요. 아 참, 덩치도 조금 차이가 나요. 박새는 몸길이가 14센티미터 정도이고 쇠박새는 이보다 조금 작아서 12센티미터 정도입니다. 하지만 두 친구 모두 숲 속이나 공원에서 흔히 볼 수 있는 텃새로, 나무구멍이나 돌담의 틈에 알을 낳는다는 것이 비슷합니다. 그런데 요즘은 그 수가 많이 줄어들어서 서울시에서 '관리야생조류' 로 지정하여 보호에 나설 지경이 되었답니다.

물총새

여름철새

'물총새' 가 물고기를 잡았네요. 부부가 다정하게 식사를 하겠지요? 왼쪽에 사냥감을 물고 있는 새가 신랑이고, 옆에서 뭐라 참견하는 새가 아내군요. 어떻게 구별하냐고요? 부리를 보세요. 신랑은 부리 전체가 검은색인데 아내의 아랫부리는 붉은색이랍니다. 이것으로 암수를 구별할 수 있어요. 물총새는 몸길이가 17센티미터 정도이고 저수지 주변의 둑이나 개울가 같은 물가에서 삽니다. 왜냐하면 이들이 즐겨 먹는 것이 물고기거든요. 나뭇가지 위에 앉아 있다가 물고기가 보이면 잽싸게 뛰어들어 낚아챕니다. 그리고 물고기를 부리에 문 채 나뭇가지나 바위에 부딪쳐 죽인 다음 먹습니다. 여름에 우리나라에서 번식하는 여름철새로, 물가 근처의 흙 언덕이나 벼랑에 구멍을 파고 집을 만든 다음 4~7개의 알을 낳습니다. 북한에서는 '물촉새' 라고 부른답니다. 최근 환경오염 때문에 이 친구들의 수가 줄어들어서 서울시에서는 관리야생조류로 지정해 보호하고 있습니다. 그래도 한강에서 이 새를 볼 수 있으니 얼마나 다행인지 몰라요.

참새들의 비상

둔촌동 자연습지

밤섬에 이어 두번째로 지정된 '생태계 보전 지역' 이다. 규모가 그리 크지는 않지만 서울과 같은 대도시에서는 보전 가치가 매우 높다. 이곳은 지하수가 솟아나 형성된 자연습지로, 부들, 고마리, 갈대 등 습지식물과 다양한 수서생물들이 살고 있다. 밤섬과 마찬가지로 일반인의 출입은 허용되지 않는다.

한성백제의 도읍지를 찾아서

풍납토성

아차산성은 서울 주변의 백제 고성 가운데 그 원형이 가장 잘 보존되어 있는 유일한 산성이다. 백제 온조왕 14년에 쌓은 것으로 전해지며, 삼국이 통일될 때까지 영토 확장 전쟁의 중심지가 되었던 곳이기도 하다. 또한 이곳에는 고구려의 온달 장군이 죽령 이북의 땅을 회복하고자 출정했다가 이 산성 밑에서 전사했다는 이야기도 전해 내려온다.

강 건너 송파에는 몽촌토성과 풍납토성, 적석총 등 삼국시대의 유적이 많이 남아 있다. 몽촌토성은 백제 초기의 토성으로 백제가 고대 국가의 기틀을 다지던 한성백제 시대의 중요한 거성(居城)이다. 성 안에서 대규모의 건물 터와 연못 등이 발견되었고 세발토기 등 각종 유물이 출토되었다.

가까운 거리에 있는 풍납토성은 백제 개로왕이 고구려 장수왕의 침공을 우려하여 쌓은 토성으로, 백제 초기 토성 가운데 가장 규모가 크고 형태도 비교적 잘 남아 있다. 원래는 '배암드리성〔蛇城〕' 이었는데, 말이 와전되어 '바람드리성' 이 되었다가 한자식 이름으로 '풍납성(風納城)' 이 되었다고 한다.

수중보, 한강을 둘로 가르다

잠실 수중보 어도

이제 잠실 수중보 아래쪽을 관찰해 볼까요? 잠실 수중보는 평상시에도 물이 넘쳐 흐르도록 되어 있기 때문에 이곳 아래는 물의 흐름이 대단히 빠르답니다. 짧은 구간이긴 해도 생태적인 특징으로만 본다면 강 중 · 상류의 여울과 같은 특수한 서식처 특징을 갖고 있지요. 특히 한강의 다른 곳과는 달리 강의 바닥이 모래와 자갈, 바위로 이루어져 있어서 다른 수역과는 다른 종류의 물고기가 많이 살고 있으며, 여울에 알을 낳는 물고기들이 이곳을 산란장으로 이용하기도 합니다.

잠실 수중보에는 바다로 나갔다가 다시 되돌아오는 회유성 물고기가 상류로 올라갈 수 있도록 길(어도)이 만들어져 있습니다. 하지만 연어와 같이 높이 뛰어오를 수 있는 물고기들에게만 적합한 구조로 되어 있어 두우쟁이, 황복, 가숭어, 점농어 같은 대부분의 회유성 물고기들은 이곳까지 올라왔다가도 더 이상 올라가지 못합니다. 그래서 그중 일부는 이곳 수중보 아래에서 비교적 서식 환경이 좋은 곳을 찾아 알을 낳기도 합니다.

잠실 수중보가 만들어진 이후에는 물고기 수도 계속 줄어들어 1990년에는 이곳에서 14종만이 채집되었는데, 최근 다시 늘기 시작하여 2000년에는 모두 27종이 확인되었습니다. 특히 1967년 이후 이곳에서 처음으로 황복이 확인되어 반가움을 더해주고 있습니다. 더욱 놀라운 것은 은어가 사는 것으로 확인되었다는 겁니다. 거기다가 환경부 지정 '보호야생동식물'인 두우쟁이도 이곳에서 많이 산다고 하니 얼마나 기쁜지 모릅니다. 그런데 수중보 위쪽에서는 이곳에서 볼 수 있는 이들 회유성 물고기가 한 마리도 발견되지 않았답니다. 이곳 수중보의 어도를 고치거나 새로운 어도를 설치해야 하는 이유가 바로 여기에 있지요.

웅어

여름철에 이곳에서 가장 많이 볼 수 있는 물고기가 바로 이 친구입니다. 이름은 '웅어'라고 하는데 생김새가 참 특이하죠? 몸길이는 보통 20~30센티미터 정도이며, 머리에서 꼬리 쪽으로 갈수록 급격히 가늘어지다가 꼬리는 거의 칼날 모양이죠. 이 친구는 멸치의 친척쯤 되는 녀석으로, 금강이나 동진강, 영산강, 한강 하류에서 많이 볼 수 있습니다. 예로부터 횟감으로 많이 잡아 식용으로 이용해 왔던 물고기입니다. 그러나 환경 오염에 민감하여 최근에는 금강에서도 보기가 매우 어려워졌는데, 이렇게 한강에서 많이 살고 있다니 반가운 일이죠. 그런데 이곳 위쪽으로는 웅어가 한 마리도 발견되지 않는데 그 이유는 앞서 말씀드렸듯이 수중보가 가로막고 있기 때문이랍니다.

은어

2000년 7월, 이곳에서 대단한 일이 벌어졌습니다. 언제부턴가 한강에서 사라졌던 귀한 친구가 바다에서부터 힘차게 올라오는 것이 발견되었기 때문입니다. 깨끗하고 우아하게 생긴 이 친구의 이름은 '은어.'

그런데 왜 이렇게 호들갑을 떠냐고요? 이 친구는 수질에 아주 민감하기 때문에 오염된 곳에서는 살 수 없거든요. 그러니까 이 녀석이 산다는 얘기는 곧 한강이 살아나고 있다는 얘기지요. 그래서 많은 사람들이 그렇게 흥분을 하는 것이랍니다.

은어는 봄에 바다에서 강으로 올라오는 회유성 물고기로, 이때는 5~6센티미터 크기의 어린 물고기입니다. 그러다가 강에 오르면 각자 터전을 잡고 성장하여 어른이 되지요. 몸길이가 보통 20~30센티미터까지 자란답니다. 그리고 가을이 되면 다시 바닷물과 민물이 만나는 기수역(汽水域)으로 내려가 알을 낳고는 죽습니다. 알에서 깨어난 새끼는 바다로 흘러가서 겨울을 지내고 봄이 되면 다시 어미가 살았던 강으로 거슬러 올라옵니다.

그런데 강에 오른 은어는 물이 맑고 여울이 잘 발달한 곳에서만 사는 것이 특징이죠. 우리나라에서는 울릉도를 포함해 전국에 살고 있는데 수질 오염뿐만 아니라 강으로 올라오는 데 장애물이 많아 차츰 은어가 사라지는 강이 많다고 합니다. 그러니 한강에서 은어가 발견되었다는 소식에 기뻐만 할 게 아니라 적극적으로 보호하는 데 더 힘을 기울여야겠지요.

두우쟁이

환경부 지정 보호종

한강이 살아나면서 우리를 즐겁게 해주는 것이 여럿 있는데 그중 하나가 환경부 지정 보호야생동식물인 '두우쟁이'를 보는 즐거움입니다. 서식지 오염으로 인해 남한에서는 임진강에만 일부 남아 있는 것으로 알려져 있었는데 최근 한강 하류 지역에 널리 살고 있는 것으로 밝혀졌거든요.

이 친구는 앞에서 이미 설명했던 모래무지와 아주 비슷하게 생겼습니다. 얼핏 봐서는 거의 구분하기가 힘들지요. 몸길이는 보통 20~25센티미터인데, 모래무지보다 주둥이가 짧고 등지느러미 뒷부분이 유난히 길며 황갈색 세로띠가 배 쪽으로 나 있는 것이 다릅니다. 지역에 따라 공지, 공지어, 강모래무지, 긴꽁지모래무지 등으로 부르기도 하지요. 바닥에 모래가 깔린 강 하류에서 살다가 산란 시기인 4월 중순 무렵에는 중류까지 거슬러 올라갑니다. 주로 강바닥 근처에서 헤엄치며 새우나 수서곤충 등을 잡아먹고 살지요. 그 밖에 두우쟁이의 생태에 관해서는 아직 자세히 밝혀지지 않았답니다.

숭어 · 가숭어

'숭어'가 어떻게 생겼는지 잘 모르는 사람들도 그 이름은 잘 아실 겁니다. 숭어는 바다와 기수역을 오가면서 일생을 보내다가 산란기에 강의 연안과 하구에 모습을 나타냅니다. 이때 잡아서 만든 숭어알젓은 옛날에 임금께 진상되는 귀한 음식이었답니다. 옆의 사진들을 보세요. 모습이 비슷하죠? 예, 그래요. 하나는 숭어고 다른 하나는 '가숭어' 입니다. 숭어는 '물에 사는 물고기' 라는 뜻의 '수어(水魚)' 에서 변한 말이고, 가숭어는 '가짜 숭어' 라는 뜻이랍니다. 그만큼 숭어와 닮았다는 얘기겠죠.

숭어

이렇게 구별이 쉽지 않아서일까요? 사실 한강에서 산다고 알려진 숭어는 대부분 가숭어였고 실제 숭어는 아주 적은 수가 산다고 합니다. 그것도 바다와 맞닿은 한강 하구에 아주 조금 있을 뿐이죠. 반면 가숭어는 잠실 수중보 아래쪽에서부터 하구에 이르기까지 고르게 많이 살고 있습니다. 모터보트를 타고 한강을 달리다 보면 수많은 가숭어가 수면 위로 뛰어오르는 것을 볼 수 있는데, 이는 이놈들이 경계심이 많고 빠르게 헤엄치는 특성이 있기 때문입니다.

가숭어

그럼 이 친구들을 어떻게 구별할까요? 숭어와 가숭어는 입의 크기나 몸 색깔, 기타 세밀한 부분이 조금씩 달라 전문가들은 이런 특징으로 구분을 하지만, 우리가 수족관 등에서 쉽게 구별하는 방법은 꼬리지느러미를 보는 것입니다. 숭어의 꼬리지느러미는 깊게 파여 있지만 가숭어는 완만하게 파여 있거든요.

이 친구들의 몸집도 조금 차이가 나지요. 숭어는 30~50센티미터가 보통이고 최대 70센티미터까지 자라는데, 가숭어는 이보다 조금 더 크게 자라서 100센티미터까지 자란답니다.

흰죽지 · 댕기흰죽지 · 검은머리흰죽지

겨울철새

이번에 소개할 친구들은 '죽지' 삼총사입니다. 생물들의 이름에는 그 생물의 특징이 담겨 있는 경우가 참 많지요. 이 친구들도 이름만으로 그 생김새를 충분히 짐작할 수 있을 거예요.

세 친구의 이름에 모두 '죽지'가 들어가 있으니 먼저 '죽지'란 말을 알아야 되겠죠? 국어사전에는 이렇게 나옵니다. '새의 날개가 몸에 붙은 부분'이라고 말이죠. 자, 그럼 세 친구의 생김새가 머리 속에 그려지시죠? '흰죽지'는 죽지가 흰색이라 붙은 이름일 테고, '댕기흰죽지'는 흰죽지류 중에서 머리 뒤로 댕기가 있는 놈, '검은머리흰죽지'는 말 그대로 머리가 검은 친구를 가리키겠죠. 사진을 보고 직접 확인을 해보세요.

이 친구들은 겨울에 이 근방에서 쉽게 관찰할 수 있는 겨울철새입니다. 커다란 무리를 짓고 사는데 셋이서 함께 무리를 이루기도 하지요. 모두 물속에 잠수를 해서 먹이를 찾는 잠수성 오리랍니다. 몸길이도 45센티미터 안팎으로 대개 비슷하고요. 이들이 다른 곳보다 이 근방에 특히 많이 모이는 이유는 잠실 수중보가 있기 때문입니다. 물에 잠긴 수초나 수생식물이 많은 서식지를 즐겨 찾거든요. 때문에 좀 더 하류 쪽에 있는 신곡 수중보 주위에서도 흰죽지 무리를 많이 볼 수 있어요.

사진 왼쪽부터 흰죽지, 댕기흰죽지, 검은머리흰죽지.

사진 왼쪽부터 노랑지빠귀,
개똥지빠귀, 흰배지빠귀.

겨울철새 겨울철새 여름철새

노랑지빠귀 · 개똥지빠귀 · 흰배지빠귀

이 친구들은 '~지빠귀'라는 이름으로 불리는 친구들입니다. 노래를 잘하기 때문에 이런 이름이 붙었죠. 이렇게 이름에 '지빠귀'가 붙은 새들도 종류가 참 많은데, 여기서는 세 친구만 소개하려고 해요. 노랑지빠귀, 개똥지빠귀, 흰배지빠귀가 그 주인공입니다.

세 친구 모두 풀숲이 있는 곳이라면 어디서나 쉽게 볼 수 있는 친구들이랍니다. 덩치도 비슷해서 몸길이는 23센티미터 정도이고, 식성도 곤충이나 식물 열매 등 아무거나 잘 먹는 잡식성이지요. 그런데 노랑지빠귀와 개똥지빠귀는 겨울철새로 서로 아종(亞種) 관계입니다. 쉽게 말하면 사촌 사이 정도가 될까요? 둘 다 몸색깔의 변화가 다양해서 쉽게 구별하기가 힘들어요. 서울에서는 노랑지빠귀를 더 많이 볼 수 있지요. 셋 중에서 유일하게 여름철새인 흰배지빠귀는 이른봄이 되면 숲이 떠나가라 울어댑니다. 이들이 다리를 교대로 움직여 땅 위를 뛰어다니면서 먹이를 찾는 모습은 참 귀엽죠. 그런데 남부 지방에 사는 일부 무리는 아예 눌러 살면서 겨울을 나기도 한답니다.

한강의 지천들

북한강과 남한강으로 나뉘어 수백 리를 달려온 한강은 서울로 들어와 크고 작은 하천들과 만나면서 서해로 돌아 나갑니다. 이렇게 한강으로 흘러드는 하천을 한강의 지천(支川)이라고 하지요.

옆의 지도는 김정호의 '대동여지도'랍니다. 오래된 지도를 보면 오늘날과는 조금 다른 예전 한강의 모습을 더 잘 알 수 있지요. 맥을 따라 이어진 산들도 한눈에 들어오고 그 사이사이를 연결하며 흐르는 강의 모습도 뚜렷하게 볼 수 있으니까요. 믿기 어렵겠지만 오래전 한강의 지천들은 맑고 깨끗해서 사람들이 빨래를 하고 목욕을 하는가 하면, 강의 아름다운 모습을 즐기려고 강가를 찾았답니다.

이 지천들은 사람들의 사랑을 받는 것만큼이나 오래된 전설과 저마다의 유래를 가지고 있습니다. 자신을 잡으려는 염라대왕의 눈을 피해 도망 다니던 동방삭이 숯을 빨고 있던 저승사자를 만난 이야기는 유명합니다. 저승사자의 계략인 줄도 모르고 동방삭은 "내가 삼천갑자를 살았어도 물에 숯을 빠는 사람은 처음 보겠네" 하고 말했다가 그 자리에서 잡혀갔죠. 그래서 그 내에는 탄천(炭川)이라는 이름이 붙었습니다. 어질고 재주 있는 사람들이 많이 모여 사는 동네의 양재천(良才川)도 이 탄천 옆에 있답니다. 옛지도에는 양재천이 한강으로 곧장 흐르지만 지금은 한강이 개발되고 시가지가 만들어지면서 탄천의 지류가 되었습니다.

함흥에서 아들이 보낸 사자를 죽여 버렸던 태조 이성계가 결국 무학대사의 권유로 한양에 돌아오다 지금의 남양주군 진접면 팔야리(八夜里)에서 여덟 밤을 자고 떠났답니다. 왕이 자고 간 마을을 흐르는 내라고 해서 왕숙천(王宿川)이라는 이름이 붙은 지천도 있습니다.

도성을 가로질러 흐르던 청계천(淸溪川)은 조선시대에도 배수로로 이용되었습니다. 퇴적물이 쌓여 홍수가 나는 것을 막기 위해 제방을 쌓

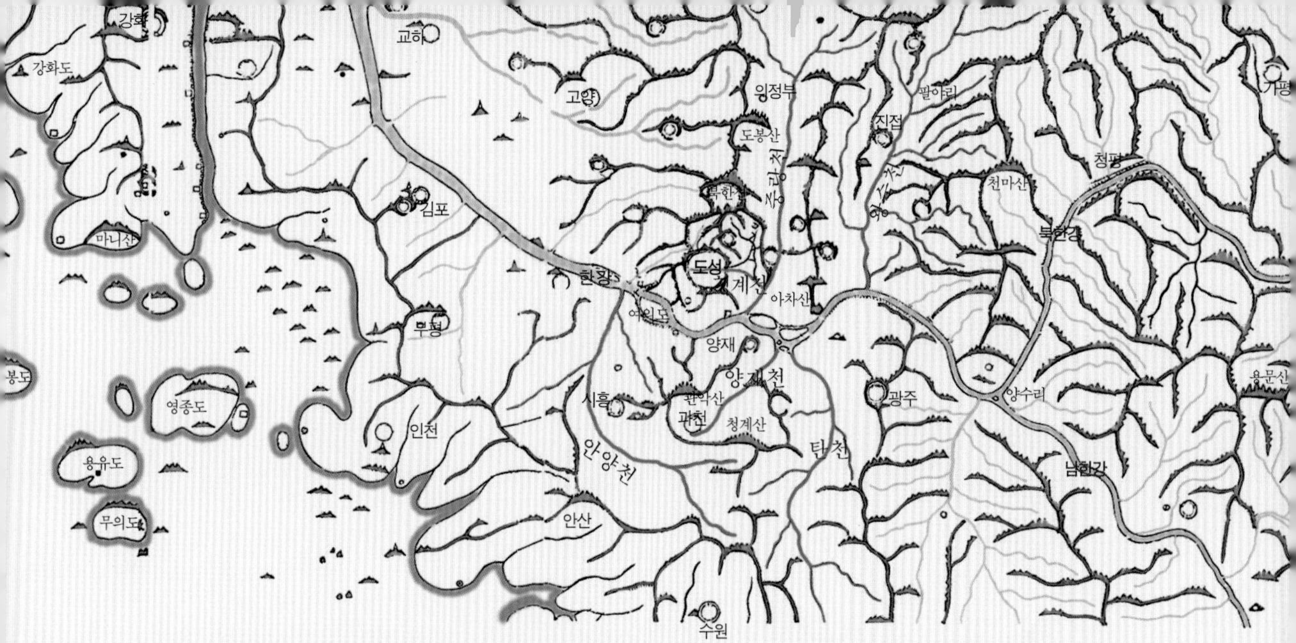

대동여지도(부분)

고, 강바닥을 펴내 물이 잘 흐르게 했지요. 하지만 근대화의 개발 열풍을 타고 1958년부터는 아예 청계천 위를 덮고 도로를 만들어서 예전의 모습이 완전히 자취를 감추었죠. 그러다가 2003년부터 시작된 서울시의 청계천 복원 사업으로 드디어 청계천은 다시 우리 곁으로 되돌아오게 되었답니다. 땅 속에서 잊혀진 지 거의 50년 만의 일이죠.

사실 이렇게 수난을 겪은 곳은 청계천만이 아니랍니다. 예전에 한강은 구불구불 느리게 돌아 흐르면서 곳곳에 모래톱을 만들고 퇴적물을 쌓았습니다. 홍수가 나면 금방 주변으로 물이 넘쳐 물난리를 겪곤 했죠. 그래서 강 주변에 제방을 쌓아 똑바로 펴고 강바닥을 고르게 만들었어요. 덕분에 물 흐름이 빨라져 홍수의 걱정은 덜었지만, 한강에 사는 생물들은 살 곳이 없어졌습니다. 서울에 몰려 사는 사람들이 버리는 생활 하수도 이들이 사는 터를 오염시키고 있죠.

한강의 여울과 수초가 사라지면서 물고기들은 알 낳을 곳을 찾기 힘들어졌어요. 서울시에서는 이런 물고기들을 위해 한강 곳곳에 인공 산란장을 만들어주었습니다. 하지만 인공 산란장은 임시적인 방편이죠. 물고기들이 자연스럽게 알을 낳고 살아갈 수 있는 터전을 만들어주는 것, 그것이 결국은 한강을 되살리고 사람도 함께 살아갈 수 있는 환경을 만드는 길이랍니다.

중랑천 아래로 생명이 깃들고

살치

이곳은 그 유명한(?) 중랑천과 한강이 만나는 지점입니다. 여러분은 못 믿으시겠지만 예전 어른들은 여기서 고기 잡고 수영하며 놀았노라는 말씀을 많이 하십니다. 특히 중랑천 근처에 사시는 분들은 귀에 못이 박히도록 들으셨죠?

중랑천은 경기도 양주군에서 시작하여 의정부를 지나 한강 본류와 만나는, 길이 약 20킬로미터의 하천입니다. 청계천, 도봉천, 우이천, 묵동천, 면목천 등 서울 시민의 생활 하수를 품은 지류들과 만나면서 오염이 심각해졌지요. 그나마 1979년부터 하수 처리장을 만들어 하천 정화에 많은 노력을 기울이고 있지만, 잉어들의 떼죽음이 연례행사처럼 벌어져 우리의 마음을 아프게 했답니다. 특히 봄철에 많은 잉어가 보이는데 안타깝게도 몸에 상처가 심했고, 더구나 기형인 붕어와 누치도 발견되어 걱정이 이만저만 아니었습니다.

중랑천이 한강 본류와 만나는 이곳 동호대교 부근은 중랑천에서 오염된 물과 진흙이 많이 떠내려와 전체 한강 중 물고기와 새들이 살기에 가장 안 좋은 곳입니다. 중랑천에서 내려오는 물 색깔이 눈으로 봐도 확연히 다를 정도죠. 그래서인지 그나마 이곳에 살고 있는 물고기는 크기가 커다란 어미가 대부분입니다. 어느 정도 오염에 견딜 수 있는 어미들이 먹이를 찾기 위해 잠시 동안 머무는 것이죠. 새들도 근처 밤섬이나 그 밖의 지역을 찾아왔다가 먹이를 구하기 위해 잠시 들르는 것으로 보입니다. 쇠오리나 흰죽지 같은 오리류를 많이 볼 수 있지요.

그래도 최근 중랑천 살리기 노력이 계속 이어지면서 이곳에서 발견되는 물고기 종류가 조금씩 늘고 있어 한가닥 희망을 던져주고 있습니다. 더욱이 신기한 것은 이곳에 환경부 지정 보호야생동식물인 두우쟁이가 많이 보인다는 것입니다. 또 우리나라 고유종인 참중고기와 새코미꾸리도 보이고요. 우리가 조금만 관심과 사랑을 보여주면 이곳도 머지않아 물고기와 새의 낙원이 되지 않을까요?

미꾸라지

미꾸리 · 미꾸라지 · 새코미꾸리

고유종

이 친구들은 원래 한강에서 쉽게 볼 수 있는 물고기는 아닙니다. 한강으로 흘러드는 지천에서 살던 친구들이 떠내려와 한강에서 발견되는 것이거든요. 하지만 여러분들이 주변에서 흔하게 접하는 친구들인데다 또 생김새도 비슷해서 서로 비교 · 관찰해 보는 것도 재미있을 것 같네요.

먼저 '미꾸리'는 몸이 길고 둥근 원통형으로 크기는 보통 10~17센티미터지요. 입가에 3쌍의 짧은 입수염이 있어서 이것을 이용해 먹이를 찾습니다. 일종의 감각기관이랍니다. 연못이나 논두렁, 농수로 등 물 흐름이 없고 얕으며 바닥이 진흙인 곳에 주로 살지요.

'미꾸라지'는 미꾸리와 비슷하게 생겼는데 미꾸리보다는 몸통이 옆

미꾸리

으로 좀 납작하지요. 입수염도 훨씬 길고요. 습성은 미꾸리와 거의 비슷한데 논이나 농수로 등 하천 하류에서 미꾸리보다 더 많이 살고 있답니다.

'새코미꾸리' 는 우리나라에서만 볼 수 있는 고유종입니다. 생김새는 미꾸리와 거의 비슷한데 입수염이 4쌍이고 머리에 비늘이 없는 게 특징이지요. 또 주둥이 끝에서부터 꼬리 끝까지 등날을 따라 폭이 넓은 흰 띠가 있습니다. 여기에서 새코미꾸리라는 말이 유래한 것으로 '흰코미꾸리' 라는 뜻입니다. 지방에 따라 수수꺽지, 용미꾸라지, 호랑미꾸라지 등의 이름으로 부르기도 하지요. 하지만 뭐니 뭐니 해도 사는 곳이 미꾸리나 미꾸라지와는 전혀 달라요. 주로 하천 상류의 물살이 빠르고 바닥에 자갈이 깔려 있는 맑은 물에서 산답니다.

새코미꾸리

중고기 · 참중고기

고유종

이 두 친구도 참 비슷하게 생겼죠? 하지만 자세히 보면 조금 다른 걸 알 수 있답니다. 먼저 꼬리지느러미를 보세요. 중고기는 양쪽 가장자리에 검은색 띠가 있지만 참중고기는 띠가 없죠? 또 중고기는 등지느러미 안쪽과 바깥쪽에 검은색 띠가 있는데 참중고기는 검은색 띠가 등지느러미 한가운데를 가로지르고 있네요. 지느러미만 봐도 둘을 구별하는 건 그리 어렵지 않겠어요.

사진 왼쪽부터 중고기, 참중고기.

하지만 어쨌거나 이 둘은 생김새나 습성이 아주 비슷하답니다. 덩치도 비슷해서 몸길이가 보통 10센티미터 안팎이죠. 물이 맑고 물살이 느린 하천이나 댐, 저수지, 호수 등에 사는데 바닥에 진흙이 섞인 모래와 자갈이 깔려 있고 물풀이 많은 곳을 좋아합니다. 주로 새우, 수서곤충, 실지렁이 같은 작은 동물을 즐겨 먹습니다. 납자루들처럼 조개 속에 알을 낳는 것도 이들의 특징이죠. 재미있게도 이 친구들은 아주 예민해서 소리나 그림자 등이 얼핏 비치기만 해도 도망가 수초나 돌 밑에 숨어 버립니다. 그러니 혹시 이들을 발견하더라도 너무 놀라지 않게 해야겠죠?

이름을 통해 알 수 있는 생물의 특징

우리가 부르는 생물 이름의 앞이나 뒤에 붙은 말로 그 특징을 짐작할 수가 있어서 몇 가지를 소개할게요. '재-'가 붙으면 회색을 뜻하죠. 뭔가를 태우고 남은 재의 색깔이 잿빛, 즉 회색이니까요. 또 '쇠-'가 붙으면 작다는 뜻입니다. '작을 소(小)'가 변해 '쇠'가 된 것이거든요. 그리고 '알락-'이나 '얼룩-'은 본바탕에 알록달록한 다른 점이나 색깔이 섞여 있음을 나타냅니다. 이 외에도 '호랑-'이 붙으면 호랑이무늬를, '개-'가 붙으면 비슷하다는 뜻을, '갯-'이 붙으면 바닷가 또는 습한 지역에 산다는 뜻을 포함하고 있지요. 생물의 이름도 알고 보면 참 쉽고 재미있지요?

청둥오리

겨울철새

머리는 광택 있는 청록색이고 목에는 하얀 띠가 둘러져 있으며 가슴은 암갈색, 옆구리와 등은 회색으로 매우 화려한 새랍니다. 하지만 이건 어디까지나 수컷의 얘기죠. 암컷은 전체적으로 갈색이라 그다지 예쁘다고는 할 수 없어요. 하지만 짝을 고르는 것도, 알을 낳을 곳을 선택하는 것도 어디까지나 암컷의 권한이랍니다. 그런 점에선 그리 억울할 것도 없겠죠? 덩치는 수컷이 암컷보다 10센티미터 가량 더 커서 몸길이 약 62센티미터 정도입니다. 우리나라 어디서나 가장 흔하게 볼 수 있는 대표적인 겨울철새이지만 일부는 한강에서 텃새로 지내기도 하지요. 하늘을 날 때 V자로 나는 모습이 참 멋지답니다. 고방오리나 쇠오리 등 다른 오리류와 함께 무리를 이루고 살기도 해요.

고방오리

겨울철새

날갯짓을 하는 이놈의 이름은 '고방오리' 입니다. 청둥오리나 그 밖의 오리 무리와 섞여 겨울을 나는 겨울철새죠. 이 고방오리를 영어로는 '핀테일(pintail)' 이라고 하는데, 핀(pin)과 같은 뾰족한 꽁지(tail)를 가졌다는 뜻이지요. 이 친구의 특징은 바로 이 검은색의 긴 꽁지깃에 있습니다. 그래서 고방오리를 '긴꼬리오리' 라고도 한답니다. 사진 속의 친구는 수컷인데 보통 고방오리는 수컷이 암컷보다 20센티미터 정도 더 커서 몸길이가 약 75센티미터입니다. 생김새도 암수가 달라서 수컷은 머리에서 뒷목 끝까지는 진한 밤색이고 앞목과 가슴은 흰색입니다. 반면 암컷은 몸 전체가 누르스름한 갈색이지요. 그런데 사진을 보니 날갯짓이 퍽이나 요란해 보이지요? 이렇게 날기 전에 시끄럽게 날개를 퍼덕이다가 빠르게 위로 솟구쳐 비행하는 것이 수면성 오리의 특징이랍니다.

동그라미 안의 왼쪽 사진은 쇠오리, 오른쪽은 흰뺨오리. 아래 왼쪽부터 시계방향으로 황오리, 넓적부리, 알락오리, 홍머리오리.

텃새 붉은머리오목눈이

어미는 지금 무엇을 물어다 먹였을까요? 이 사진의 주인공이 바로 우리가 흔히 '뱁새' 라고 하는 '붉은머리오목눈이' 랍니다. 우리 속담에 '뱁새가 황새 걸음을 걸으면 가랑이가 찢어진다' 는 말이 있죠? 그래요, 커다란 황새를 따라가기엔 뱁새는 너무 작지요. 덩치가 13센티미터 정도밖에 안 되거든요. 그런데 여러분, 뭔가 좀 이상하지 않아요? 어떻게 새끼가 어미보다 더 클까요? 그래요, 이 사진은 정말 신기하고 진귀한 장면이랍니다. 어미는 붉은머리오목눈이가 맞는데 새끼는 뻐꾸기거든요. 여러분, 뻐꾸기가 남의 둥지에 알을 낳는다는 얘기 들어보셨죠? 바로 그 장면인 것입니다. 우리의 주인공 알은 한쪽 구석에 팽개쳐져 있군요. 어미는 그것도 모르고 뻐꾸기 새끼에게 맛난 먹이를 가져다 주고요.

붉은머리오목눈이는 우리나라에 흔한 텃새로 풀밭, 관목숲, 덤불, 갈대밭 등지에서 20~30마리 또는 40~50마리씩 무리지어 삽니다. 생김새는 참새랑 비슷한데 참새에 비해 꽁지가 긴 편이죠. 재빨리 움직일 때면 그 긴 꽁지를 빗자루 쓸듯이 좌우로 흔드는데 그 모습이 여간 귀여운 게 아니에요. 아 참, 북한에서는 이 새를 '부비새' 라고 부른답니다.

압구정터

'압구정' 이라는 이름은 조선 세조 때 정승을 지낸 상당부원군 한명회가 노후를 보내기 위해 한강 연안의 높직한 터에 정자를 세웠던 데서 연유한다. 갈매기를 벗삼아 한가로운 노후를 보낸다는 뜻에서 정자 이름을 압구정(狎鷗亭)이라 지었다. 이곳에 앉아 한강을 바라보면 '물결이 아득하고 돛단배가 오가며 갈매기 오르내리는 모습이 황홀하여 창해(滄海)에 머문 것 같다' 고 하는데, 중국의 사신이 오면 이곳으로 초청하여 주연을 베풀기도 하였다.

조선시대 화가 정선의 〈경교명승첩〉 중 압구정을 그린 부분.

살곶이 다리

'살곶이 다리' 는 중랑천을 사이에 두고 뚝섬과 사근동을 잇는 작은 돌다리다. 한자 이름으로는 '전관교(箭串橋, 전곶교)' 라고 하며 우리나라에 현존하는 다리 가운데 가장 오래되었다. 조선 세종 때 상왕인 태종이 자양동 한강변의 낙천정에 기거하자 임금의 행차가 잦아지면서 다리를 놓기 시작하였는데, 성종 때에 이르러 완성되었을 때는 다리가 편평하다고 하여 그 이름을 '제반교(濟磐橋)' 로 지었다고 한다. 그러나 정작 '살곶이' 라는 이름의 유래는 좀더 이전으로 거슬러 올라간다. 태조 이성계가 아들 방원(태종)에 대한 노여움으로 함흥에 가 있다가 다시 한양으로 되돌아올 때였다. 이때 태종이 이곳까지 나와 장막을 치고 태조를 맞이하였는데, 잠시 후 당도한 태조가 갑자기 활을 들더니 태종을 향해 겨누었다. 태종이 황급히 장막을 친 기둥 뒤로 몸을 피하자 화살은 그대로 기둥에 꽂히고 말았다. 그래서 '화살이 꽂힌 자리' 라는 뜻으로 '살곶이' 라는 지명이 생기게 되었다고 한다.

인간과 자연의 공생, 밤섬

천만 인구의 서울 복판에 부활한 야생 동식물의 낙원 밤섬.
이제 세계적인 철새 도래지로 탈바꿈하고 있다.

이제 밤섬의 세계로 여러분을 안내하려고 합니다. 밤섬은 서강대교 밑에 있는 두 개의 덩그런 땅덩어리입니다. 말 그대로 먹는 밤 모양을 했다고 해서 붙여진 이름이죠.

여러분 중에는 서강대교를 지나치면서 다리에 설치된 철새 보호 표지판을 보신 분들도 있을 겁니다. 대부분의 사람들은 '여기에 뭔 새가 있다고……' 라고 생각하셨을 거예요. 그런데 여러분! 이 괴상하게 생긴 흙덩이가 '거대 도시 속의 세계적인 철새 도래지 밤섬' 이랍니다.

지금은 밤섬이 무척 작아 보여서 '저게 섬이야?' 할 정도이지만 예전에는 지금의 약 40배 크기였다고 합니다. 옛 기록에는 "밤섬은 수십 리의 모래로 되어 있으며, 이곳 주민들은 부유하고 뽕나무가 유명하다" 라고 씌어 있습니다. 그런데 한강 개발 사업이 시작되면서 1968년 2월 밤섬을 폭파하여 여기서 나온 돌과 흙을 여의도 개발에 이용했다고 합니다.

봄이면 벚꽃이 흐드러지게 피는 윤중로를 아시죠? 이 윤중로가 밤섬의 흙과 돌로 만든 길입니다. 물질적 성장을 위한 근대화 과정에서 생태계의 보호나 주민들의 문화유산 · 역사성에 대한 검토도 없이 사라져 갔던 밤섬. 이 밤섬이 최근까지 철저하게 버림받은 땅으로 인식되어 오다가 점차 회복을 보이더니 이제야 새와 물고기의 낙원으로 변하여 새롭게 주목받고 있는 것입니다.

1990년에 밤섬을 조사했을 때는 11종의 물고기가 보였는데 2000년에 조사를 했을 때는 40종이나 살고 있었습니다. 새들도 마찬가지입니다. 봄과 여름에 약 30여 종, 겨울철에는 46종의 새들이 이곳을 찾는다고 합니다. 놀랍죠? 이처럼 생물종이 갑자기 다시 회복된 곳을 찾기란 드문 일입니다.

그럼 이렇게 많은 물고기와 새가 다시 이곳으로 모여든 이유는 무엇일까요? 그것은 이곳을 생태계 보전 지역으로 지정하여 사람들의 출입을 제한하면서 생긴 자연의 복원력 덕분입니다. 한강의 흐름을 따라 흘러든 모래가 서서히 쌓이면서(밤섬은 모래가 계속 쌓이고 있어서 서울시에서는 3년에 한 번씩 섬의 크기를 재야 한다고 합니다) 이곳에 풀과 나무의 씨앗이 흘러와 푸르게 숲이 우거지자 새와 물고기가 하나둘 찾아들더니 이제는 그들의 낙원으로 변한 것입니다.

특히 밤섬을 온통 뒤덮고 있는 물억새는 새들에게 좋은 은신처를, 또 모래톱은 새들에게 좋은 쉼터를 제공해 주고 있습니다. 새들은 깃털 안의 기생충들을 털어내기 위해 정기적으로 목욕을 해야 하는데 강변의 모래톱은 새들이 목욕하기에 아주 좋은 장소지요. 그런데 도심에서 이런 장소를 찾기란 정말 어려운 일이랍니다.

그러나 밤섬에 있는 친구들에게 위험 요소가 없는 것은 아닙니다. 밤섬 주위를 지나는 모터보트도 그렇고 서강대교를 지나는 차들의 시끄러운 소음도 이들을 위협하고 있습니다. 소리로 의사소통을 하는 새들에게는 아주 치명적이죠. 또 인근 둔치에서는 많은 사람들이 연 날리기를 하는데, 끊어진 연줄이 밤섬까지 흘러와 많은 새들이 연줄에 발이나 날개가 감겨 죽는 경우가 많습니다. 여러분들의 세심한 사랑과 관심이 더 필요하겠죠.

황복

황복의 어린 치어

이 친구가 바로 '황복' 입니다. 복어 하면 여러분들은 몸을 풍선처럼 부풀리는 우스꽝스럽게 생긴 모습을 생각하실 겁니다. 또 '복어는 바다에 사는 물고기 아닌가?' 하는 의문도 생길 겁니다. 그렇습니다. 복어는 대부분 바다에서 살지요. 그런데 몸이 노란색을 띠는 이 황복은 서해에서 살다가 3월부터 5월 사이에 한강, 임진강 등 서해와 연결되어 있는 강으로 올라와 알을 낳는 귀한 물고기입니다. 그러니 물이 더러워지면 바다에서 강으로 올라오다 숨이 막혀 죽겠지요? 게다가 댐이나 수중보를 만들어 황복이 다니는 길목을 막고 사람들이 마구잡이로 잡았으니 그동안 우리가 쉽게 볼 수가 없었던 겁니다. 그런 귀한 친구가 저 초라해 보이는 밤섬에서 살고 있습니다. 그래서 서울시에서도 관리야생동식물로 지정하여 보호하고 있답니다. 여러분이 직접 들어가서 볼 수는 없지만 이렇게 사진으로 보는 것으로 만족해야 합니다. 황복이 밤섬에서 오래오래 살게 하는 것이 여러분들도 좋죠?

됭경모치

고유종

이 물고기 이름도 참 희한하지요? 우리나라 고유종인 '됭경모치' 는 낙동강, 금강, 한강 하류의 모래바닥에서만 사는데 그 수가 아주 적어서

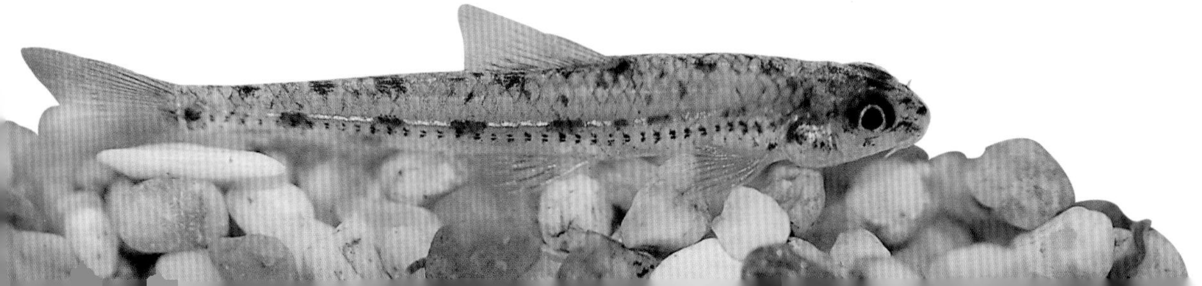

서울시 관리야생동식물로 지정되어 있습니다. 모래나 진흙이 깔린 하천의 밑바닥을 헤엄쳐 다니면서 물속의 풀이나 새우, 실지렁이, 곤충 등 아무거나 다 잘 먹는 놈입니다. 하지만 아직 이 물고기가 사는 모습은 자세하게 밝혀지진 않았어요. 그러니 지금 공부를 하는 학생들 중 누군가가 이놈의 정체를 밝혀주길 바라요.

젓뱅어 고유종

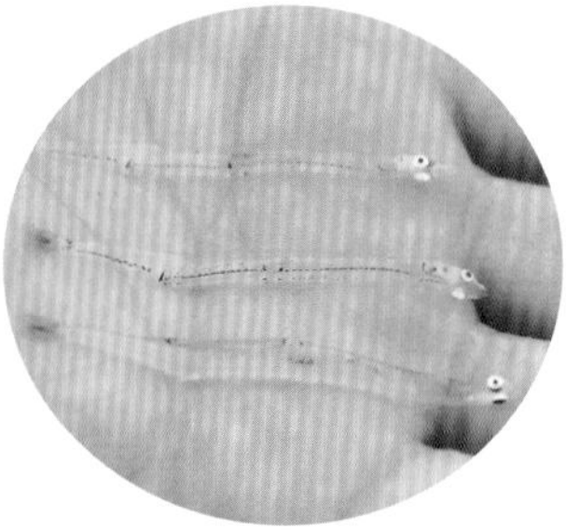

'젓을 담그는 뱅어'라 해서 '젓뱅어'라고 부르는 이 친구는 한강에서 흔하게 볼 수 있는 물고기는 아닙니다. 밤섬에서만 겨우 몇 마리 채집된 희귀한 친구죠. 온몸이 투명해서 속이 다 들여다보이는 게 특징인데 죽으면 불투명해집니다. 우리나라 서해에서만 사는 고유종으로 몸길이가 최대 5센티미터 안팎인 소형 물고기입니다. 산란기(3~5월) 때 강으로 올라와 알을 낳고, 부화한 새끼는 다시 바다로 내려가 성장하는 것으로 알려져 있지만, 그 밖의 습성에 대해서는 아직도 베일에 싸여 있답니다.

가시납지리

가시납지리

고유종

몸에 가시가 있는 것같이 가느다란 검은색 선이 있어서 '가시납지리'라는 이름이 붙었답니다. 몸길이는 보통 10센티미터 안팎으로, 서해나 남해로 흐르는 하천의 중 · 하류에 널리 살고 있는 우리나라 고유종입니다. 납자루, 줄납자루, 납지리, 큰납지리 등과 비슷하게 생겼지만 이들과 달리 입수염이 없는 것이 특징이죠. 하지만 이 친구들 모두 맑은 물을 좋아하고 조개의 몸 속에 알을 낳는 공통점이 있답니다. 또 이름에 전부 '납' 자가 들어 있는 걸로 봐서 몸이 납작하게 생겼다는 것을 알 수 있지요.

사진 왼쪽부터
납자루, 줄납자루(고유종), 납지리, 큰납지리.

황조롱이

텃새, 천연기념물 제323호

멋지게 날개를 펼친 모습이 왠지 힘이 있어 보이죠? 그래요, 이 친구는 들짐승으로 말하면 호랑이, 사자 정도의 위치에 있는 놈이랍니다. 독수리나 매, 소쩍새, 올빼미와 같이 맹금류에 속하며, 천연기념물 제323호로 지정되어 있습니다. 주로 들쥐나 두더지와 같은 작은 짐승이나 작은 새들을 사냥하지요. 특이하게도 이놈은 다른 맹금류가 사용한 둥지나 움푹 파인 암벽에 알을 낳는데 한 번에 4~6개의 알을 낳습니다. 도시에서는 빌딩이나 아파트의 발코니에 알을 낳기도 해요. 몸길이는 보통 30~35센티미터 정도인데 암컷이 약간 크다고 합니다. 또 암수의 생김새가 달라, 수컷은 머리가 회색인 데 비해 암컷은 적갈색입니다. 밤섬에서는 주로 겨울철에 한강 둔치에서 먹이를 찾아 배회하는 것을 관찰할 수 있어요. '키, 키, 키' 하는 새 울음소리가 나면 하늘을 한번 올려다보세요. 어쩌면 황조롱이를 만나실 수 있을 겁니다.

큰소쩍새 · 소쩍새

겨울철새, 천연기념물 제324호

큰소쩍새

왼쪽 사진을 보면서 어떤 생각이 드세요? 보는 사람에 따라 제각각 다른 생각을 하실 겁니다. 멋있다, 무섭다, 징그럽다, 쥐를 잡아먹는구나, 나무에 집을 짓고 사는 모양이군, 새끼에게 먹이려고 쥐를 잡아오는군……. 여기까지의 여러분 생각에서 이미 '큰소쩍새'의 정체가 거의 다 밝혀졌네요. 여기다 좀 더 이야기를 덧붙이면, 큰소쩍새는 몸길이가 24센티미터 정도이고 우리나라에서 겨울을 나는 겨울철새이며(일부는 텃새이기도 합니다) 주로 밤에 활동하는 야행성이라는 겁니다. 그리고 천연기념물 제324호로 지정되어 있고요. 그래도 여전히 한 가지 의문은 남죠? "그럼 소쩍새랑은 어떻게 다른가요?"

소쩍새

자, 이 친구가 바로 '소쩍새'입니다. 이름에서 짐작하시겠지만 소쩍새보다 큰 것이 '큰소쩍새'인데, 사실 크기로만 보면 아주 조금 큰 정도지요. 그러면 그것말고 어떤 차이가 있을까요? 우선 큰소쩍새는 뒷목에 테가 두 줄 나 있는 것이 가장 눈에 띄는 차이점입니다. 또 소쩍새의 눈은 노란색인 반면 큰소쩍새는 붉은빛을 띤 노란색이죠. 그리고 소쩍새 발에는 털이 없지만 큰소쩍새 발에는 털이 나 있다는 점도 다릅니다.

하지만 뭐니 뭐니 해도 둘을 구별하는 확실한 방

법은 울음소리랍니다. 사실 사람 눈에 잘 띄지 않는 새들이니 울음소리로 구별하는 것이 가장 쉬운 방법이죠. 큰소쩍새는 긴 간격을 두고 낮게 '훗~', '횟~' 소리를 내지만, 소쩍새는 '소쩍, 소쩍' 또는 '솟적다, 솟적다' 하고 운답니다. 그래서 옛어른들은 소쩍새의 울음소리를 듣고 그 해 농사를 점쳤다고 해요. 이를테면 '소쩍' 하고 울면 흉년을, '솟적다' 하고 울면 풍년을 예고한다고 믿었답니다. '솥이 작으니 큰 솥을 준비하라'는 뜻으로 해석한 거죠. 여러분도 기회가 되면 한번 소쩍새의 울음소리에 귀 기울여 보세요.

원앙

원앙

텃새, 천연기념물 제327호

이 아름다운 원앙이 한 쌍은 어디를 저리 바쁘게 가는 걸까요? 두 마리가 사이좋게 물을 박차는 모습이 참 예쁘죠? 여기서 어느 새가 수놈일까요? 그래요, 대부분의 다른 새들과 마찬가지로 오른쪽의 화려한 새가 수놈입니다. 수놈은 눈 뒤쪽에 흰 띠가 있고, 아래뺨과 목 쪽에는 붉은색을 띤 갈색 장식깃이 있습니다. 물에서 헤엄을 칠 때 몸 뒷부분 위로 툭 튀어나온 밝은 황토색의 날개깃이 우리 눈을 황홀하게 하네요. 원앙이는 봄과 여름에는 숲이 울창한 계곡의 물가에서 볼 수 있고, 겨울에는 강, 저수지 등지에서 볼 수 있는 텃새랍니다. 몸길이는 45센티미터 정도로 꽤 큰 편이고, 먹이로는 나무열매나 풀씨, 작은 물고기를 즐겨 먹지요. 천연기념물 제327호로 지정된 새입니다.

흰뺨검둥오리

텃새

한가로이 외출하는 이 녀석들은 '흰뺨검둥오리' 가족입니다. 북한에서는 '흰뺨오리' 라고 하지요. 이름에서 알 수 있듯이 빰이 흰색을 띠고

흰뺨검둥오리

있는 것이 특징인데 눈을 가로지르는 검은 띠가 있습니다. 우리나라 어디서나 쉽게 볼 수 있는 텃새이지만, 겨울에는 북쪽에서 내려오는 무리와 섞여 더욱 흔한 겨울새이기도 합니다. 물가에서도 알을 숨길 수 있는 풀이 있는 곳을 좋아하는데, 마른 풀을 이용해 둥지를 짓고 8~12개 정도의 알을 낳습니다. 이곳 밤섬에서는 물쑥 같은 식물군락지에서 많이 번식하고 있지요. 먹이로는 곡물의 씨앗, 풀씨, 나무열매 등을 즐겨 먹지만 번식기 때는 곤충이나 지렁이 같은 동물성 먹이를 좋아한답니다.

밤섬의 철새 관찰하기

밤섬에는 사람이 들어갈 수 없기 때문에 새들을 관찰하려면 서강대교 위로 가야 한다. 좀 더 쉽게 철새를 보려면 여의도 순복음교회 앞 한강시민공원에 마련된 철새 조망대를 이용하면 된다. 고배율 망원경 여섯 대와 쌍안경 다섯 대가 준비되어 있으며 이용 요금은 무료이다. 매년 12월부터 이듬해 2월까지, 오전 9시부터 오후 5시까지 이용할 수 있다.

밤섬 위를 날고 있는 흰뺨검둥오리.

여의도 샛강생태공원

원래 이곳은 한강 종합 개발 사업에서 제외되어 오랫동안 방치되었던 습지 지역이었다. 그러다가 1997년에서야 버드나무, 갈대, 억새 등이 군락을 이루고 있는 주변의 자연 환경을 최대한 활용한 생태공원으로 조성되었다.

폭포에서 떨어져 연못을 채우는 물은 한강물이 아니라 인근 지하철역에서 배출되는 맑은 지하수이다. 이 맑은 물에서 수초가 자랐고 수초 주변으로 각종 곤충과 물고기, 또 물고기를 잡아먹고 사는 새들이 모여 먹이사슬을 형성하면서 생태계의 균형을 이루고 있다. 이곳에서는 습지식물인 부들, 미나리, 물옥잠 등을 관찰할 수 있고, 흰뺨검둥오리, 덤불해오라기, 황조롱이, 중대백로 같은 새들과 버들치, 송사리, 참붕어 등의 물고기를 두루 만날 수 있다.

생태공원 입구에는 전시실과 비디오 상영실을 갖춘 학습관이 있으며, 관찰대와 관찰로가 있어 가까이서 자연의 모습을 살펴볼 수 있다.

광흥창터와 공민왕 신당

마포구 창전동 와우산 기슭에는 조선시대에 중요한 곡식 창고의 하나였던 '광흥창(廣興創)' 의 옛 터가 있다. 일명 태창(太創)이라고도 불린 광흥창은 전국 각지에서 들어오는 세곡을 보관하였다가 이조와 병조에서 작성한 봉급 조서에 따라 관리들에게 봉록미를 지급하였다고 한다. 조선 초부터 1894년까지 약 500 년 간 존속된 유서 깊은 창고였다.

이 광흥창터 뒤쪽으로 '공민왕 신당' 이 있다. 고려 말 공민왕의 영정을 모시고 제사 지내는 사당으로, 신당 건립과 관련된 이야기가 전해 내려온다. 조선 초 이곳 일대에 광흥창을 지으려 할 때 동네 노인의 꿈에 공민왕이 나타나, '이곳은 전에 내가 자주 찾던 곳이니 당(堂)을 짓고 매년 제사를 지내면 모든 일이 순조롭게 풀릴 것이나 만일 이를 실천하지 않으면 화가 있을 것이다' 라며 계시를 내렸다. 노인이 꿈에서 깨어 이 자리에 와보니 공민왕 부부를 그린 영정이 바위 밑에서 나왔으므로 그 뜻에 따라 신당을 지었다고 한다.

공민왕 신당

생명이 부활하는 난지도를 지나

밀어

난초와 지초의 땅 난지도(蘭芝島). 자유로를 타고 일산 쪽으로 가다 보면 성산대교를 지나자마자 오른쪽에 야트막한 산(?)이 나타납니다. 마포구 상암동에 있는 이 산이 바로 1978년부터 1993년까지 서울시의 쓰레기 매립장이었던 난지도입니다. 그러니까 여러분이 산이라고 생각한 것이 사실은 쓰레기 더미라는 거죠. 쓰레기 더미 위에서 나무와 풀이 자란다니 놀랍지 않아요?

이곳은 버려진 쓰레기만 해도 넓이 82만 평, 높이 95미터인 (9200만m^3, 8.5톤 트럭으로 1300만 대분), 세계에서 유례가 없는 버려진 땅이었습니다. 매립이 끝난 뒤에도 쓰레기 더미에서 흘러나오는 물(침출수)과 메탄가스 때문에 생물은 살 수 없을 거라고 생각했지요.

하지만 언제부터인가 이 척박한 땅에서도 뿌리를 내리는 식물들이 자라면서 새로운 생태계가 만들어졌습니다. 식물들이 자라니 그 식물을 먹는 곤충과 뱀, 새들도 찾아들었지요. 땅 속이 쓰레기라 물이 제대로 스며들지 못해 땅은 언제나 건조하고 척박하지만 맹금류인 황조롱이부터 흰뺨검둥오리, 꼬마물떼새, 해오라기, 꿩 등 다양한 새들이 살고 있어요. 이러한 놀라운 자연의 복원력은 우리에게 희망을 불어넣어 줍니다. 그래서 서울시에서는 이곳을 생태공원으로 꾸몄지요.

또한 이곳 난지도와 성산대교, 선유도 주변 한강물에는 여러분의 예상과는 달리 많은 물고기가 살고 있답니다. 사실 안양천과 홍제천에서 오염된 물과 진흙이 많이 흘러 내려오기 때문에 물고기 친구들이 살기에는 그다지 좋은 환경이 아니죠. 그러나 난지도 쪽으로는 강변에 콘크리트 제방이 설치되어 있지 않아 많은 식물이 자라고 있습니다. 특히 버드나무와 갈대가 많이 자라고 있는데 그 주변으로 많은 새와 물고기가 터를 잡고 살아가고 있습니다. 1987년에는 15종의 물고기만 살던 것이 2000년 조사에서는 꺽정이, 강주걱양태 등 새로 발견된 12종의 물고기를 비롯해 모두 31종의 물고기가 사는 것으로 확인되어 우리를 즐겁게 해주었습니다. 또 바다가 가까워져서 그런지 갈매기들도 적잖이 눈에 띄네요.

꺽정이

이 친구도 참 재미있게 생겼죠? 만화영화 '미녀와 야수'에 나오는 야수 같지 않나요? 머리 부분은 아래위로 납작하고 몸통은 좌우로 납작하고……. 어찌 보면 산적 '임꺽정'을 닮은 것 같기도 해요. 어딘가 우락부락한 게 말예요. '꺽정이'는 몸길이가 보통 18~20센티미터 정도인데, 2년 정도 성장해서 알을 낳고는 바로 죽는 것으로 알려져 있습니다. 험상궂게 생겼어도 새끼들에게 세상을 내주고 떠나는 모습이 왠지 안쓰럽기까지 하네요. 늦은 가을 강에서 내려와 바다로 들어갔다가 2~3월에 조개껍질 속에 알을 낳고, 4~5월이 되면 약 3센티미터의 어린 물고기가 다시 강을 거슬러 올라갑니다. 낮에는 돌 밑에 숨어 있다

가 주로 밤에 나와서 활동하는 야행성이죠. 한강에서는 강 하구 쪽으로 아주 조금만 발견될 뿐이기에 서울시 관리야생동식물로 지정하여 보호하고 있답니다.

강주걱양태

이 친구는 '강주걱양태' 입니다. '강에 살고 있는 주걱 모양의 양태' 라는 뜻으로 이런 이름이 붙었답니다. 바다에 사는 '양태' 라는 물고기와 생김새가 비슷하거든요. 크기가 10센티미터도 채 안 되는데 행동이 아주 잽쌉니다. 그리고 이 친구 몸색깔을 보세요. 모래와 색깔이 똑같죠? 위험을 느낄 때면 모래 속에 몸을 숨기고 두 눈만 빼꼼히 내놓고 있는 모습이 여간 귀여운 게 아니랍니다. 또 이 친구는 아주 재미난 버릇을 갖고 있어요. 고래처럼 크게는 아니지만 작은 분수처럼 몸 위로 물을 뿜어낸답니다. 그 모습이 정말 앙증맞죠. 이는 입으로 들어온 물이 등 쪽에 달려 있는 아가미구멍으로만 나가게 되어 있는 독특한 신체 구조 때문이죠. 이 친구는 강바닥이 모래인 곳에서만 살 수 있는 예민한 물고기예요. 그러니 한강에서 모래를 마구 퍼다 쓰면 우리 곁에서 영원히 사라지겠죠? 그래서 서울시에서는 강주걱양태를 관리야생동식물로 지정, 보호하고 있습니다.

메기

이 친구는 '메기' 입니다. 우리가 즐겨 먹는 메기 매운탕의 주인공이죠. 메기는 물 흐름이 완만하고 바닥이 진흙인 곳을 좋아하는데 한강 하류의 모든 지역에서 고르게 살고 있습니다. 수염이 아주 멋있죠? 위턱과 아래턱에 각각 한 쌍씩 모두 두 쌍의 수염을 가진 멋쟁이입니다. 그런데 한 가지 흠이 있다면 먹는 것에 욕심이 많다는 거예요. 그래서 먹이가 부족하면 동료 메기를 잡아먹기도 합니다. 밤에만 활동하는 야행성으로, 작은 물고기나 개구리 등을 잡아먹습니다. 행동이 매우 민첩해서 물 위의 개구리를 단숨에 잡아먹지요. 5~7월에 알을 낳는데 수컷이 암컷의 배를 휘감고 강하게 조여 산란을 유도하는 특이한 행동을 보입니다. 아 참, 메기와 비슷하게 생긴 물고기로 '미유기' 라는 친구가 있는데, 이 친구는 주로 물이 맑은 상류 쪽에 많이 살고 있으니 둘을 혼동할 염려는 없겠죠?

미유기(고유종)

점농어

이 친구 이름은 '점농어' 입니다. 지금까지는 농어와 같은 종으로 알려져 있었으나 최근에서야 농어와 다른 종이라고 밝혀졌습니다. 온몸에 반점이 있는 점이 농어와 다르죠. 봄에 바다에서 강으로 올라와 알을 낳고 가을까지 산다고 합니다. 몸길이 20~30센티미터까지 자란다고 해요. 자연에서의 생태는 자세하게 밝혀지지 않으나 민물에 적응하는 능력이 뛰어난 것으로 알려져 있습니다. 최근 서해로 흐르는 강 하구와 연안에 많이 산다고 알려진 농어들은 사실 대부분이 점농어일 것으로 보입니다.

꼬마물떼새

여름철새

난지도에 새롭게 둥지를 튼 희망의 메신저 '꼬마물떼새.' 우리나라 어디서나 볼 수 있는 흔한 여름철새로, 물가의 자갈이나 모래밭에서 종종거리며 뛰어다니는 것을 쉽게 볼 수 있습니다. 북한에서는 '알도요' 라고 한다네요. 몸길이는 약 16센티미터로 물떼새 종류 가운데 가장 작아 '꼬마' 가 됐습니다. 목에 두른 검은 띠가 아주 앙증맞죠? 여름철에는 암수가 함께 살지만 그 밖의 시기에는 작은 무리를 지어 생활하면서 주로 곤충을 잡아먹는답니다.

해오라기 · 검은댕기해오라기

여름철새

해오라기

이 친구는 '해오라기' 입니다. 여름철에 우리나라를 찾는 여름철새지요. 몸길이 약 60센티미터로 머리 뒤에 2~3개의 하얀 장식깃(댕기)이 길게 나 있는 멋쟁이랍니다. 하천이나 저수지, 논 등 물가에서 물고기, 새우, 가재, 개구리, 뱀, 곤충, 쥐 등을 잡아먹고 사는데, 야행성이라 그런지 북한에서는

'밤물까마귀' 라고 부른답니다. 이 해오라기와 비슷한 새로 '검은댕기해오라기' 가 있습니다. 해오라기에는 흰 댕기가 있는 반면, 검은댕기해오라기는 이름 그대로 검은 댕기가 있다는 점이 다르지요. 또 덩치도 해오라기보다 10센티미터 가량 더 작고요. 그리고 다른 백로류와 해오라기는 집단으로 번식하는 데 비해 이 친구는 단독으로 번식한다는 차이점이 있습니다.

검은댕기해오라기

한강의 갈매기들

바다 하면 갈매기를 떠올리게 되지요. 그래서 우리는 갈매기가 바다에서만 사는 것으로 생각합니다. 그러나 서해와 가까운 한강에는 여러 종류의 갈매기들이 겨울을 나기 위해 찾아옵니다. 재갈매기, 큰재갈매기, 괭이갈매기, 갈매기, 노랑발갈매기, 줄무늬노랑발갈매기, 쇠제비갈매기……. 아, 물론 여름철새인 쇠제비갈매기는 여름에 찾아오겠지요.

재갈매기 먼저 '재갈매기' 부터 만나볼까요? 재갈매기는 한강 하구에서 볼 수 있는 대표적인 갈매기랍니다. 겨울이면 멀리 중랑천에까지 모습을 나타내지요. 몸길이는 약 60센티미터로, 갈매기나 괭이갈매기보다는 덩치가 조금 더 큽니다. 1월이 되면 많은 수가 한강을 찾아오지요. 이름에서도 알 수 있듯이 날개와 등은 잿빛(회색)이고 나머지는 흰색이죠. 하지만 겨울에는 머리와 목에 갈색의 얼룩 줄이 생겨요. 새우, 물고기, 다른 새들의 알, 동물의 사체나 음식쓰레기 등 닥치는 대로 먹어 치우는 먹성 좋은 새인데, 간혹 다른 오리들이 찾은 물고기를 빼앗아 먹기도 하는 약탈자랍니다.

큰재갈매기 재갈매기와 생김새는 비슷하나 덩치가 조금 더 큰(몸길이 약 65센티미터) 갈매기가 있지요. 바로 '큰재갈매기' 입니다. 하지만 자세히 보면 날개와 등이 재갈매기보다 더 짙은 잿빛이랍니다. 보통 재갈매기나 괭이갈매기 무리와 섞여 겨울을 나는 흔하지 않은 새입니다.

사진 왼쪽부터 재갈매기, 큰재갈매기, 괭이갈매기, 갈매기.

괭이갈매기 몸길이 약 46센티미터로, 부리 끝이 붉고 검은색 띠가 둘러져 있어 다른 갈매기와 구별됩니다. 또 날 때는 꽁지 끝에 넓은 검은색 띠가 뚜렷하게 보이는 것도 특징이지요. 텃새로 전국에 널리 살지만 한강에서는 겨울철에 더 자주 관찰됩니다. 항구 근처에서 어부들이 버리는 생선이나 오징어 내장 등을 즐겨 먹으며, 사람이 먹다 버린 음식물도 가리지 않고 먹어 치우는 청소부랍니다. 그래서 이름에 '괭이(고양이)' 라는 말이 붙은 모양이네요.

사진 왼쪽부터 노랑발갈매기, 줄무늬노랑발갈매기, 쇠제비갈매기.

갈매기 몸길이가 약 42센티미터로, 겨울철에 한강에서 흔히 볼 수 있는 겨울철새입니다. 날개 끝에는 재갈매기보다 큰 흰색 점을 가지고 있습니다. 재갈매기와 마찬가지로 겨울철에 머리와 목에 갈색의 얼룩 줄이 생기죠. 또 겨울철에는 부리 끝에 검은 점이 생기지만 검은 점이 없는 새들도 있답니다.

노랑발갈매기 · 줄무늬노랑발갈매기 이름 그대로 둘 다 발이 노란색인 게 특징이죠. 다른 갈매기들은 발이 분홍색이거든요. 그리고 노랑발갈매기와 달리 줄무늬노랑발갈매기는 겨울이 되면 재갈매기처럼 머리와 목에 갈색의 얼룩 줄이 생긴답니다. 그래서 이름에도 '줄무늬'란 말이 붙은 거죠.

쇠제비갈매기 몸길이 약 25센티미터로 갈매기 종류 가운데 가장 작은 새랍니다. 이름에 '쇠' 자가 붙은 것만 봐도 아시겠죠? 그런데 이 친구는 특이하게도 여름과 겨울에 머리의 색깔이 달라진답니다. 여름에는 흰 이마를 제외하고는 머리 전체가 검은색이지만, 겨울에는 이마에서 머리 정수리까지 흰색으로 변하고 눈썹과 뒷머리 부분에만 검은색이 남아 있지요. 어쨌거나 머리만 보면 꼭 제비를 닮은 것 같네요.

난지도의 부활, 월드컵공원

사진제공 : 월드컵공원 관리사업소

쓰레기 산이었던 난지도가 '월드컵공원' 으로 새롭게 태어났다. 여의도공원의 15배에 이르는 105만 평의 땅(뉴욕 센트럴 파크와 비슷한 규모)에 조성된 월드컵공원은 크게 다섯 개의 공원으로 나뉜다. 월드컵공원 전체를 대표하는 공간으로 월드컵전시관과 유니세프 광장, 난지연못 등이 조성된 '평화의 공원' , 억새 · 띠 · 엉겅퀴 · 제비꽃 · 씀바귀 · 토끼풀 등 건조하고 척박한 땅에 자라는 들풀을 심어 초지생태공원으로 꾸민 '하늘공원' , 운동시설 등 시민 이용 공간으로 꾸민 '노을공원' , 난지천을 복원한 '난지천공원' , 기존의 한강변과는 달리 자연스러운 하천의 모습을 살려 자연생태습지로 꾸민 '난지한강공원' 이 그것이다. 이 밖에도 야외 공연장, 캠핑장, 선착장, 요트장, 전망대 등이 갖추어져 있다.

'물의 공원' 선유도

신선이 노닐던 봉우리라 해서 선유봉(仙遊峯)으로 불리던 '선유도'. 그러나 1925년 대홍수 이후 암석을 채취하고 제방을 쌓으면서 그 아름다운 모습이 사라지고 말았다. 또 1965년 선유도 위로 양화대교가 건설되고 정수장이 세워지면서 사람들과 더욱 멀어지게 되었다. 이러한 선유도가 이제 '물의 공원' 으로 다시 태어났다. 선유도공원은 기존의 정수장 시설물을 그대로 활용한 환경 재생 생태공원으로, 한강역사관, 수질정화원, 환경 물놀이터, 녹색 기둥의 정원, 시간의 정원, 수생식물원 등으로 꾸며졌다. 또 사람들이 쉽게 찾아갈 수 있도록 한강 최초의 보행자 전용 다리인 선유교(일명 '무지개 다리')가 인근 한강시민공원과 연결된다.

사진제공 : 선유도공원 관리사무소

바다의 너른 품을 향해

물닭

여러분은 이제 한강의 마지막 여행지에 와 있습니다. 행주산성이 있는 행주대교까지 온 것이죠. 행주대교는 경기도 고양시 덕양구 행주동과 서울시 강서구 개화동을 잇는 길이 1400미터, 너비 10미터의 다리입니다. 서울시의 한강 다리 중에 가장 하류에 위치하고 있지요.

이곳은 한강의 다른 수역들과 달리 강변에 콘크리트 제방이 없어서 뻘, 모래, 자갈이 많이 쌓이고 갈대를 비롯한 풀이 무성하게 자라고 있어서 물고기들이 살기에 적합한 환경을 만들고 있습니다. 그러나 안양천에서 내려오는 오염된 흙과 상류에서 내려오는 많은 양의 진흙이 수중보에 가로막혀 이곳에 쌓여 있기도 해요. 그래도 1990년에 이곳을 조사했을 때는 4종의 물고기만이 발견되었으나 2000년 조사에서는 36종이 살고 있는 것으로 확인되어 우리를 기쁘게 합니다. 특히 웅어, 풀망둑, 날개망둑, 민물검정망둑 등을 비롯해 19종의 물고기 친구들이 이곳에서 처음으로 확인되었답니다.

행주대교 아래에는 한강의 마지막 수중보인 신곡 수중보가 있습니다. 이 수중보 밑으로 우거진 갈대와 관목숲은 새들이 먹이를 찾기에 좋은 장소라 해마다 많은 겨울철새들이 날아옵니다. 갈대밭에서 한가로이 휴식을 취하고 있는 큰기러기나, 수확이 끝난 밭에서 무리를 지어 시금치 잎과 줄기를 먹는 쇠기러기도 만날 수 있지요. 특히 바다와 가까운 강 하구는 바닷물이 빠져나가면서 갯벌이 드러나는데, 이곳에서는 천연기념물인 재두루미가 열심히 먹이를 찾고 있는 모습도 볼 수 있답니다. 그 유명한 재두루미 도래지(천연기념물 제250호)가 가까이 있거든요.

망둥어 5형제

사진 왼쪽부터 풀망둑, 민물두줄망둑, 갈문망둑, 민물검정망둑.

여기서는 흔히들 '망둥어'라고 부르는 물고기들을 소개할게요. 우리 속담에 '숭어가 뛰니까 망둥어도 뛴다'는 말이 있죠? 제 처지는 생각하지 않고 저보다 나은 사람을 덮어놓고 따라하는 사람을 빗댄 말이랍니다. 그런데 왜 여기에 망둥어가 등장하는지 궁금하지 않으세요? 서해 바다에는 숭어와 망둥어가 많습니다. 밀물이 밀려들 때 보면 숭어란 놈이 펄쩍펄쩍 뛰는 광경을 볼 수 있죠. 숭어가 사는 물이면 망둥어도 살 테고, 그래서 숭어가 뛰니까 망둥어도 덩달아 뛰는 것처럼 보일 수도 있겠네요. 어찌 보면 그만큼 망둥어가 사람들한테 천대를 받아 왔다는 얘기가 됩니다. 그 우스꽝스럽고 험상궂은 생김새 때문일까요? 하지만 망둥어 종류는 지구상에 존재하는 물고기 가운데 그 종류가 가장 많다고 해요. 세계에는 600종류 이상이 알려졌고 우리나라에서도 50여 종이 확인되고 있습니다. 적응력이 뛰어나 남극과 북극을 제외한 지구 어느 곳에서도 살 수 있는데, 바닷물이나 민물 가리지 않고 물의 온도에도

날개망둑

쇠기러기

한두 마리는 잠을 자지 않고 보초를 서다가 위험이 닥치면 높은 소리로 울면서 다른 기러기들을 깨우죠. 환경부 지정 보호야생동식물입니다.

다음은 옆의 쇠기러기를 봐주세요. '쇠' 자가 붙었으니 덩치가 좀 작겠죠? 이놈은 우리나라에서 가장 흔히 볼 수 있는 기러기입니다. 부리가 노란색이고 머리와 부리 사이의 흰색 이마가 특징이죠. 수십, 수백 마리씩 떼를 지어 생활하는데 간혹 큰기러기와 함께 무리를 짓기도 합니다. 잠을 잘 때는 머리를 돌려 등의 깃털에 파묻고 한쪽 다리로 서 있는 자세를 취한답니다. 참 특이하죠?

중대백로 · 중백로 · 쇠백로

여름철새

사진 위부터 중대백로, 쇠백로, 중백로.

중대백로

이제 만나볼 친구들은 '백로' 들이랍니다. 여러분, 백로는 잘 아시죠? 온몸이 새하얀 새 말예요. 예부터 우리나라 사람들이 참 좋아하던 새지요. 원래 흰색을 좋아하던 민족이었으니까요.

그중 우리가 가장 흔히 볼 수 있는 것은 중대백로, 중백로, 쇠백로입니다. 크기에 따라 이름에 '중', '대', '쇠' 자가 붙었겠지요? 모두 여름철에 우리나라를 찾는 여름철새인데, 덩치와 장식깃, 발의 색깔로 쉽게 구별할 수 있답니다.

중대백로는 몸길이가 보통 90센티미터로 백로들 중 가장 덩치가 큽니다. 이에 비해 중백로는 65센티미터, 쇠백로는 60센티미터 정도지요. 또 중대백로와 중백로는 다리가 검은색인데 쇠백로의 다리는 노란색입니다. 그리고 번식기 때 중대백로와 중백로는 어깨와 가슴에 장식깃이 길게 나는 데 비해 쇠백로는 머리 꼭대기에 두 가닥의 장식깃이 생기는 것도 다르지요.

백로와 두루미와 황새와 왜가리와…… 어떻게 구분할까?

한마디로 황새와 두루미는 겨울철새이고 백로와 왜가리는 여름철새입니다. 하지만 간혹 무리에서 떨어져 남아 머무는 새들이 있어 계절만으로는 제대로 구별할 수가 없지요. 그러니까 몸색깔로 구별하는 방법이 가장 쉽고 정확하답니다.

몸색깔이 온통 희면 일단 백로라고 볼 수 있습니다. 두루미와 황새는 꽁지의 날개깃이 검은색이거든요. 그럼 두루미와 황새는 어떻게 구분할까요? 두루미는 머리 꼭대기에 붉은 반점이 있지만 황새는 붉은 반점이 없습니다. 또 두루미는 목 부위가 검은색(새끼는 갈색)인데 황새는 검지 않지요. 특히 황새는 눈 둘레에 붉은 피부가 노출되어 있는 게 눈에 띕니다. 덩치는 두루미가 황새보다 약 30센티미터 정도 더 큰데, 부리는 황새가 더 굵지요. 간혹 사람들 중에 그럼 도대체 '학(鶴)'은 뭐냐고 묻는 분들이 계신데 학은 두루미의 한자 이름입니다.

왜가리는 백로와 함께 사는 경우가 많은데 역시 몸색깔이 달라 쉽게 구별이 되지요. 몸은 전체적으로 회색빛을 띠며, 목 앞쪽은 검은색 얼룩 줄무늬가 세로로 여러 줄 나 있습니다. 또 머리 뒤로 검고 긴 댕기를 가지고 있지요. 몸집도 백로보다 훨씬 커서 92센티미터 정도랍니다.

황새

왜가리

두루미

행주산성 · 공암나루터 · 약사사

행주대첩도

'행주산성' 은 임진왜란 3대 격전지의 하나로 국난 극복의 정기가 서린 산성이다. 권율 장군이 이끄는 3000여 명의 군사가 10배나 많은 왜적을 물리친 곳으로, 적이 쳐들어오자 성 안의 부녀자들이 치마폭에 돌을 담아 날라 승리에 큰 공을 세웠다고 하여 '행주치마' 라는 이름이 유래했다고도 한다.

행주대교 부근에는 양천과 행주를 잇던 '공암(孔岩)나루' 라는 곳이 있었다. 일명 '구멍바위나루' 라고도 하는데, 강 근처 탑산(塔山) 아래 절벽에 구멍 뚫린 바위가 있어서 붙은 이름이라고 한다.

또한 행주산성과 마주보는 개화산 북쪽 기슭에는 '약사사(藥師寺)' 라는 절이 있다. 약사사는 공민왕 2년에 창건된 절로, 처음에는 산의 이름을 따서 개화사라고 부르다가 후에 오늘날의 이름으로 바뀌었다. 절에는 고려 말에 조성된 것으로 보이는 3층석탑과 석불이 있다. 약사사가 있는 개화산 정상에서는 삼각산(북한산)과 도봉산을 한눈에 바라볼 수 있고, 한강과 임진강이 마주치는 광활한 풍경도 볼 수 있다.

이상으로 '한강 따라 생태기행'이 모두 끝났습니다. 생각보다 한강에서 많은 새와 물고기를 만날 수 있었지요? 최근 환경에 대한 관심이 높아지면서 많은 사람들이 깨끗한 한강을 만들기 위해 노력한 결과죠. 하지만 이제 시작이랍니다. 아직도 가야 할 길이 멀거든요. 한강에 은어떼가 뛰노는 그날이 올 때까지요. 그럼, 그동안 만났던 새와 물고기 친구들과 정겨운 인사를 나누며 여행을 마치겠습니다. 여러분, 안녕!

부록 한강에서 볼 수 있는 겨울철새

쑥새

되새

민물가마우지

백할미새

흰물떼새

논병아리

뿔논병아리

한강에서 볼 수 있는 여름철새

황로

파랑새

쇠물닭

노랑할미새

제비

알락할미새

꾀꼬리

한강에서 볼 수 있는 텃새

종다리

딱새

집비둘기

멧비둘기

직박구리

노랑턱멧새

한강에서 볼 수 있는 텃새

멧새

까치

새매(천연기념물 제323호)

까마귀

말똥가리

꿩

굴뚝새

한강에서 볼 수 있는 나그네새

메추라기도요

알락꼬리마도요

끄리

동자개

꾹저구

얼룩동사리

피라미

가물치

돌고기

꺽지(고유종)

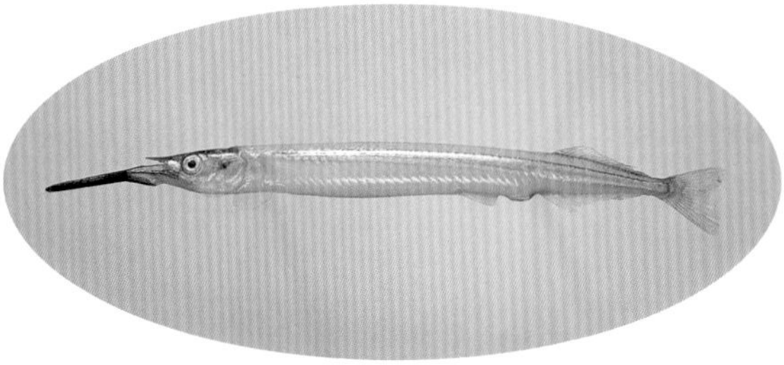

줄공치

참마자

눈불개

부록 '한강에서 볼 수 있는 새와 물고기'는 서울시가 실시한 2000년 한강 생태계 조사에서 확인된 새 75종, 물고기 56종 가운데 본문에서 다루지 못한 것들입니다. 이 중 쇠검은머리쑥새와 흰머리멧새는 각각 흰물떼새와 노랑할미새로 대체하였습니다.

찾아보기